Kompost ohne Garten

Katharina Adams

# KOMPOST *ohne Garten*

## Infos, Anleitung und Anwendung rund um die Wurmkiste

# Inhalt

# Vorwort

Küchenabfälle fallen in jedem Haushalt an. Wer einen Garten hat, kann ihn ganz einfach zusammen mit Gartenabfällen und Grünschnitt in einer Kompostmiete entsorgen, die meist irgendwo in einer Ecke steht, wo sie nicht stört. Viele Gartenbesitzer verzichten sogar auf die Herstellung von wertvollem und vor allem kostenfreiem Dünger und Kompost und zahlen stattdessen teure Gebühren für die Biotonne.

Wer keinen Garten hat, muss aber nicht auf die eigene Kompostherstellung verzichten. Es gibt nämlich einige Kompostvarianten, die sich auch auf dem Balkon oder der Terrasse herstellen lassen, ja sogar im Haus. Und das, ohne dass es unangenehm riecht! Mikroorganismen und fleißige Kompostwürmer sind dabei sehr nützliche und effektive Helfer auf dem Weg zu natürlichem Dünger, der sowohl Zimmerpflanzen und Balkonblumen als auch selbst angebautes Gemüse kräftig wachsen lässt. Eine solche Kreislaufwirtschaft ist das Beste, was Sie für Ihre eigene Gesundheit und für einen gesunden Planeten tun können.

Passende Kompostbehälter gibt es im Handel. Manche lassen sich auch relativ einfach selbst bauen. Viele Informationen und detaillierte Anleitungen u. a. für den Bau einer Wurmkiste finden Sie in diesem Buch.

Katharina Adams

compost

# Kreislaufwirtschaft der Natur

# Kreislaufwirtschaft der Natur

Wasser, Luft und Sonnenlicht – ohne diese Elemente können Pflanzen nicht existieren. Doch sie allein genügen noch nicht für ein dauerhaftes, gesundes Wachstum.

## DER PFLANZLICHE STOFFWECHSEL

Licht ist unabdingbar für den Vorgang der Fotosynthese. Auch ohne Wasser sind Pflanzen nicht überlebensfähig, wenngleich die nötige Menge des kühlen Nassen je nach Pflanzenart sehr unterschiedlich sein kann. Sie sind in der Lage, sich an örtliche Gegebenheiten anzupassen und fast alle Gebiete auf der Welt zu besiedeln, von der trockenen Wüste über die frostige Tundra bis zum tropischen Regenwald.

Damit sich Pflanzen entwickeln können – wachsen, blühen, Samen ausbilden, um die Fortpflanzung und Vermehrung zu sichern –, benötigen sie Nahrung wie jedes Lebewesen. Diese Nahrung verwerten sie mithilfe ihres Stoffwechsels. Dabei verwandeln sie niedrigenergetische Stoffe durch Fotosynthese in organische, hochenergetische Stoffe. Neben Wasser und Kohlenstoffdioxid benötigen Pflanzen zum Aufbau körpereigener organischer Substanzen auch noch Mineralsalze.

Der pflanzliche Stoffwechsel wird stark durch die Fotosyntheseleistung beeinflusst. Eine Pflanze, die viel Fotosynthese betreibt, erzielt dabei eine hohe Stoffwechselrate, und umgekehrt. Die Fotosyntheserate ist abhängig von der Weite der Spaltöffnungen der Blätter. Bei zu hohen Temperaturen schließen die Spaltöffnungen, um die Pflanze vor zu starker Verdunstung von Wasser zu schützen. Da Pflanzen über die Spaltöffnungen gleichzeitig aber auch $CO_2$ aufnehmen und $O_2$ abgeben, wird mit dem Schließen der Spaltöffnungen auch dieser Austausch teilweise blockiert. Somit sinkt die Fotosyntheserate, und damit auch die Stoffwechselrate. In unseren Breitengraden schließen sich die Spaltöffnungen heimischer Pflanzen ab einem Temperaturbereich von etwa 37–40 °C. Auch nach unten gibt es einen Temperaturbereich von etwa 3–10 °C, ab dem die Pflanzen ihren Stoffwechsel einschränken. Diese kritischen Temperaturbereiche liegen in anderen Regionen in leicht anderen Bandbreiten, da sich Pflanzen an ihren Standort anpassen können.

Temperaturabhängig sind zudem auch die am Stoffwechsel beteiligten Enzyme, sodass Nährstoffgaben je nach Umgebungstemperatur sehr unterschiedlich wirken können. Die meisten dauerhaften Pflanzen, also Stauden und Gehölz, reagieren auf die Licht- und Temperatureinflüsse

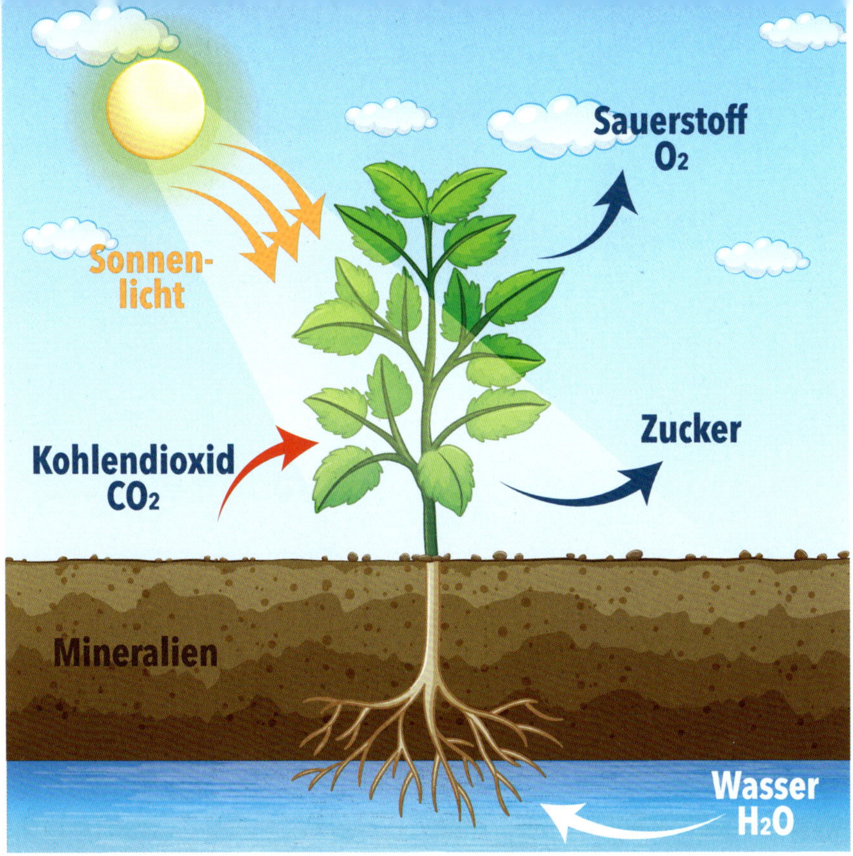


*Photosyntheseschema*

unseres Klimas, indem sie in der kalten Jahreszeit ihre Blätter abwerfen und ihren Stoffwechsel stark herunterfahren. Diejenigen, die dies nicht tun, also Immergrüne, sind oft Schattenpflanzen. Sie kommen auch im Winter mit der geringeren Lichtmenge aus und profitieren gerade von der Tatsache, dass das hohe Gehölz über ihnen Laub abwirft, und dadurch an den kurzen Tagen sogar mehr Licht zu ihnen gelangt als im Sommer.

## NÄHRSTOFFE DER PFLANZEN

Für eine optimale Entwicklung benötigen hochentwickelte Samenpflanzen folgende zehn Hauptelemente:

- Kohlenstoff (C)
- Sauerstoff (O)
- Wasserstoff (H)
- Stickstoff (N)
- Schwefel (S)
- Phoshpor (P)
- Kalium (K)
- Kalzium (Ca)
- Eisen (Fe)
- Magnesium (Mg)
- außerdem die Spurenelemente Mangan (Mn), Kupfer (Cu), Molybdän (Mo), Bor (B) und Zink (Zn)

*Stickstoff ist wichtig für den Vitamingehalt*

**Stickstoff** wird von der Pflanze hauptsächlich als Nitrat-Ion ($NO^{3-}$), in geringem Umfang auch als Ammonium-Ion ($NH^{4+}$) aufgenommen und in Eiweißverbindungen umgewandelt. Sie sind als Aufbaustoffe für den Menschen unentbehrlich. Stickstoff begünstigt bei bedarfsgerechtem Einsatz neben der Menge auch die Qualität der Ernte, beispielsweise den Vitamingehalt bei Gemüse.

**Phosphor** benötigt die Pflanze zur Fotosynthese. Dabei wird Sonnenenergie in organische Masse umgewandelt. Phosphor fördert aber auch die Blüten- und Fruchtausbildung. Es wird als Phosphat-Ion ($PO_4{}^{3-}$) oder Hydrogenphosphat-Ion ($HPO_4{}^{2-}$) aufgenommen.

**Kalium** nehmen die Pflanzen ebenfalls aus ionischen Verbindungen auf ($K^+$). Es aktiviert in der Pflanze Enzyme, mit denen viele Stoffwechselvorgänge gesteuert werden. Es reguliert den Wasserhaushalt und hilft, das Wasser effizient zu nutzen. Dadurch wird sowohl der Ertrag als auch die Qualität der Pflanze positiv beeinflusst, etwa der Zuckergehalt der Zuckerrübe. Zudem stärkt Kalium auch die Widerstandsfähigkeit nahezu aller Kulturpflanzen gegen Krankheiten und Kälte.

*Phosphor fördert die Blütenbildung*

**Schwefel** benötigt die Pflanze für den Aufbau von Eiweißverbindungen und damit für die Aufnahme von Stickstoff. Ist die Schwefelversorgung der Pflanze gestört, kann auch der Stickstoff nicht mehr zum Aufbau von Eiweiß genutzt werden.

**Kalzium** ernährt ebenfalls die Pflanzen, erhält aber vor allem den Boden gesund. Ohne Kalzium würden viele Böden versauern und für die landwirtschaftliche Nutzung unbrauchbar werden.

**Magnesium** ist für die Bildung des Blattgrüns, also des Chlorophylls, notwendig. Es ist somit an der Fotosynthese beteiligt, in der Pflanzenzellen mit Hilfe von Sonnenenergie, Kohlendioxid und Wasser den Zucker produzieren, der als wichtige Basis für den Energiehaushalt der Pflanze dient.

Die **Spurenelemente** Bor, Mangan, Zink, Kupfer und Eisen dürfen ebenfalls im Boden nicht fehlen, sonst machen sich folgenschwere Mangelerscheinungen an den Pflanzen bemerkbar.

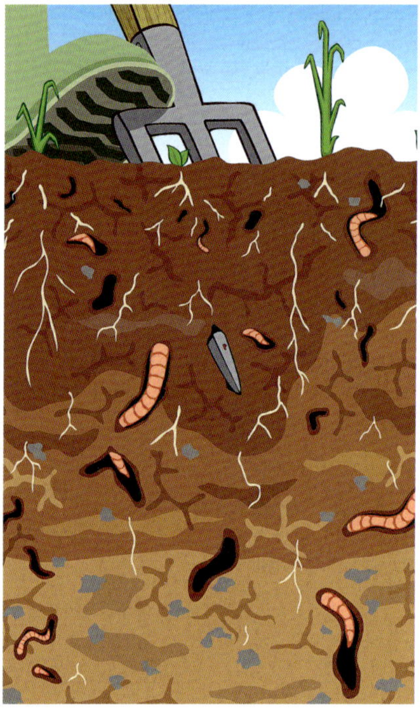

*Schichtensystem im Boden mit unterschiedlicher Verwitterung*

*Maulwürfe leben im Boden und lockern ihn bei der Nahrungssuche*

## NATÜRLICHER STOFFKREISLAUF

Woher erhalten Pflanzen in der Natur ihre Nahrung? Das Geheimnis liegt in einer fortwährenden Kreislaufwirtschaft. In der Natur führen Pflanzen alle dem Boden entzogenen Pflanzennährstoffe mit ihrem Absterben und Verwittern wieder zurück. Auch Tiere, die Pflanzen oder andere Tiere fressen, führen durch ihre Ausscheidungen die Stoffe wieder der Umgebung und damit dem Kreislauf zu.

Unsere Böden, wie sie sich seit Milliarden von Jahren gebildet haben, bilden die Grundlage dafür. Bereits als sich die Gesteine verfestigten, begann unter dem Einfluss von Temperaturunterschieden, Wind und bald auch der ersten Niederschläge ihre Verwitterung. Starke Temperaturunterschiede führen dazu, dass Gestein sich ausdehnt und wieder zusammenzieht. Dabei entstehen Risse, in die Wasser eindringt, welches das Gestein beim Gefrieren auseinandersprengen kann. Zudem greift das eingetretene Wasser den Stein chemisch an. Es löst enthaltene Stoffe und Mineralsalze im Inneren heraus, sodass das Gestein an Stabilität verliert und mit der Zeit unter weiteren Witterungseinflüssen zerfällt. Die bei der Verwitterung entstehenden Gesteinspartikel werden je nach Größe in feinen Ton, mittelfeinen Schluff und weniger feinen Sand unterteilt. Bei den gröberen Gesteinsteilen werden Kies und die größeren Steine unterschieden.

*Tausenfüßler leben von verrottendem Material*

Später, nachdem Leben auf der Erde entstand, verstärkten die Ausscheidungen der Organismen den Prozess der chemischen Verwitterung. Da die Verwitterung von Silikatgestein das Treibhausgas Kohlendioxid bindet, kühlte die Erde allmählich ab. Mit dem an Land entstehenden Leben nahm die Verwitterung noch einmal stark zu.

Die Atmung der Pflanzenwurzeln setzt Kohlendioxid frei, das mit dem Wasser im Boden Kohlensäure bildet und ebenfalls die chemische Verwitterung fördert.

Nach und nach vermischten sich organisches Material, anorganische Gesteinsstückchen, Wasser und Luft. Auf diese Weise entstanden die ersten Böden. Organisches Material führte zu fruchtbarem Boden, auf dem wiederum mehr Pflanzen wachsen konnten, die ihrerseits mehr organisches Material produzierten, welches auch Tieren als Nahrung diente. So bildete sich im Boden eine enorme Vielfalt an Lebewesen aus, die von Biologen »Edaphon« genannt wird.

Bakterien, Pilze und Algen waren die ersten Bewohner. Sie zersetzten das organische Material in Kohlendioxid, Wasser, Stickstoffverbindungen und Nährsalze und schlossen so den Stoffkreislauf des Lebens. Sie boten aber

*Regenwürmer sind immanent wichtig für die Bodenbeschaffenheit*

auch anderen Arten Nahrung, die auf diese Weise von ihnen lebten. Heute leben im Boden Kleintiere wie Regenwürmer, Borstenwürmer, Tausendfüßler, Hundertfüßler, Spinnen, Insektenlarven und selbst Säugetiere wie Maulwurf und Erdhörnchen.

Die besondere Rolle der Regenwürmer hat schon Charles Darwin (1809-1882) erkannt und ihnen ein ganzes Buch gewidmet. Er erkannte, dass »die gesamte Ackererde (...) schon viele Male durch die Verdauungskanäle der Würmer gegangen ist, dass Absonderungen aus Kalkdrüsen die Säuren im Humus neutralisieren, ihre Kaumägen größere Partikel zerkleinern und ihre Gänge Wasser und Luft in den Boden gelangen lassen. Man kann wohl bezweifeln, ob es noch viele andere Tiere gibt, welche eine so bedeutende Rolle in der Geschichte der Erde gespielt haben, wie diese niedrig organisierten Geschöpfe.« (C. Darwin: The Formation of Vegetable Mould through the Action of Worms, with Observations on their Habits, London: John Murray, 1881). Ein Jahr vor seinem Tod schloss Darwin mit dieser Veröffentlichung seine Jahrzehnte währenden Studien über die Wechselbeziehungen zwischen Regenwürmern und Bodenbeschaffenheit sowie über das Verhalten dieser Tiere ab.

*Durch die Abbauprodukte der Mikroorganismen entsteht lockerer Boden*

Die unsichtbare Welt der Mikroorganismen spielt jedoch weiterhin die wichtigste Rolle. Bakterien, Pilze und Algen kommen in enormer Zahl im Boden vor. Tiere und Mikroorganismen verwerten nicht nur die Nährstoffe, sondern bauen auch Schadstoffe ab. Ihre Stoffwechselprodukte verkleben Gesteinspartikel und Humusteilchen zu Krümeln, sie lockern den Boden und sorgen für seine Durchlüftung und damit für die Zufuhr von Sauerstoff, der für viele Abbauvorgänge gebraucht wird. Im Idealfall besteht ein Boden zur Hälfte aus Mineralstoffen und Humus, zu 30 % aus Wasser und zu 20 % aus Luft.

# Kompost

*Aus dem Boden in den Boden: Kompost ist die perfekte Kreislaufwirtschaft*

# Kompost

In der Natur ist es ganz einfach: Alles, was sich aus dem Boden entwickelt, was aus ihm wächst und fruchtet, kehrt letztlich auch wieder in ihn zurück. Laub, das sich im Frühjahr an den Zweigen entwickelt, fällt im Herbst wieder ab und verrottet an Ort und Stelle. Einjährige Pflanzen und Stauden wachsen vom Frühjahr bis zum Herbst, danach vergilben oder vertrocknen sie, nachdem sie vorher noch Samen für die weitere Verbreitung produziert haben. Nichts kommt weg, denn auch die Tiere, für die die Pflanzen Nahrung bedeuten, scheiden die Überreste nicht weit davon wieder aus.

*Viele Kommunen betreiben Kompostherstellung im großen Stil*

## GROSSRÄUMIGE KREISLÄUFE IM GARTEN

Im Garten verläuft das Prinzip vom Werden und Vergehen, dem immerwährenden Kreislauf, nicht anders als in der freien Natur, wohl aber mit einem wesentlichen Unterschied: Wir stören den Kreislauf an ganz vielen Stellen, indem wir ernten. Indem wir auf möglichst kleiner Fläche einen möglichst großen Ertrag erwirtschaften wollen, indem wir Abgeblühtes, Verwelktes, Altes abschneiden und herausnehmen, entziehen wir dem Boden vieles von dem, was ihm ansonsten später wieder zugeführt würde.

Die entfernten Pflanzenteile wandern aber nun an einen anderen Ort. Die Ernte holen wir in unsere Küche oder in den Keller. Abfälle, Reste und Schalen, aber auch viele andere Pflanzenteile gelangen in die Biotonne oder auf den Wertstoffhof. In kommunalen Anlagen werden diese Abfälle dann kleingehäckselt, kompostiert und anschließend als Kompost oder Gartenerde verkauft. Aus Holzschnitt werden Hackschnitzel zum Heizen oder Rindenhäcksel und Rindenmulch für die Verwendung im Garten hergestellt. Mit dem Ausbringen des erworbenen Kompostes auf den Beeten, dem Mulchen und dem Aufbessern der Erde mit frischer Gartenerde werden die entnommenen Substanzen dem Garten also wieder zugeführt, wenn auch über einige Umwege. Kompost unterstützt und erhält also den Stoffkreislauf im Garten.

*Rasenschnitt kann in dünnen Schichten dem Kompostmaterial zugegeben werden*

## KLEINRÄUMIGE KREISLÄUFE DURCH DAS KOMPOSTIEREN

Die eben beschriebene großräumige Kreislaufwirtschaft im Garten verbraucht durch das mehrfache Hin- und Herfahren viel Energie. Viel sinnvoller ist es, Pflanzenreste gleich an Ort und Stelle zu verwerten, wann immer es möglich ist, also den Kompost im eigenen Garten anzusetzen, Holzschnitt selbst zu häckseln und im Garten damit zu mulchen. Sinnvoll ist es auch, abgestorbene Pflanzen einfach in einer Ecke unzerkleinert aufgeschichtet zu lagern, wo sie zahlreichen Tieren Unterschlupf bieten und dabei langsam von selbst verrotten. So entsteht nach und nach wertvolle Komposterde, die im Garten verteilt werden kann.

Auch Rasenschnitt kann gleich an Ort und Stelle wiederverwendet werden. Mähen Sie dazu entweder ohne Fangkorb, sodass das gemähte Gras liegenbleiben und antrocknen kann. Später rechen Sie das Gras zusammen und mulchen damit. Oder verteilen Sie das frisch gemähte Gras direkt. Dabei müssen Sie aber unbedingt darauf achten, nur ganz dünne Schichten auszubringen, da sonst die Gefahr besteht, dass das Gras nicht trocknet, sondern zusammenklumpt und fault.

Vor allem Gemüsekulturen profitieren ungemein von einer dünnen Mulchschicht, die regelmäßig erneuert wird. Neben der Zuführung einer stick-

*Jede Pflanze braucht Humus zum Wachsen*

stoffbetonten Düngung wird der Boden damit auch abgedeckt, was sich positiv auf das Bodenleben auswirkt, denn diese Mulchschicht schützt den Boden auch vor Austrocknung. In der Natur gibt es langfristig keinen unbedeckten Boden; wo Platz ist, wächst bald etwas, im Zweifelsfalle das, was wir im Garten als Unkraut bezeichnen.

**Zusammenfassend** ist es also sinnvoll, möglichst viel Pflanzenmaterial selbst zu sammeln und zu kompostieren, um daraus wieder wertvolle Erde entstehen zu lassen. Dabei laufen auf kleinster Fläche dieselben Prozesse ab wie auch sonst in der Natur: die Zersetzung von Pflanzenmaterial, aus dem wieder neuer Humus gebildet wird, der im Wesentlichen alle Nährstoffe enthält, die die Pflanzen zum neuen Wachstum benötigen. In welcher Menge der fertige Kompost dann auf den Beeten verteilt wird, hängt dabei von der Art der dort kultivierten Pflanzen ab. Schnell heranwachsendes Gemüse, das in wenigen Monaten oder gar Wochen von einem Samenkorn zur kräftigen, erntereifen Pflanze heranwächst, benötigt viel mehr Nährstoffe als beispielsweise eine langsamwüchsige kleine Staude, zumal, wenn es sich um eine Art handelt, die in der Natur als Überlebenskünstler auf kargem Boden wächst. Prachtstauden mit vielen Blüten und gleichzeitig viel Blattmasse brauchen entsprechend mehr Dünger als bescheidene Steingartenzwerge. Aber keine Pflanze kommt auf Dauer ohne eine Zufuhr von Nährstoffen aus Humus aus.

*Kompost steigert den Nährstoffgehalt im Boden*

## WAS VERSTEHT MAN UNTER KOMPOST?

Begriffe wie »schwarzes Gold« oder »Gold des Gärtners« zeugen von der Bedeutung und der Wertschätzung, die dem Kompost entgegengebracht wird. Und das hat auch seinen guten Grund, denn der größte Teil des Düngerbedarfs im Garten lässt sich bereits allein durch Kompost in seinen verschiedenen Reifestadien abdecken. Kompost ist ein aus organischen Abfällen, also Baum- und Strauchschnitt, Laub, Obst- und Gemüseabfällen erzeugtes Verrottungsprodukt. Bei ausreichender Luftzufuhr werden diese Abfälle durch Kleinstlebewesen und Mikroorganismen zersetzt und abgebaut. Das mit Nährstoffen angereicherte natürliche Endprodukt, der fertige Kompost, wird als erdähnliches Bodenverbesserungsmittel im Garten- und Landschaftsbau verwendet.

## EIGENSCHAFTEN UND WIRKUNG VON KOMPOST

Kompost hat eine Vielzahl positiver Eigenschaften. Er steigert den Nährstoffgehalt des Bodens, verbessert den Boden insgesamt und fördert das Pflanzenwachstum. Die Pflanzen werden widerstandsfähiger gegen Krankheiten und das Wasserbindevermögen wird verbessert.

Die Wirksamkeit von Kompost als organischer Dünger, Bodenaufwerter sowie Erosionsschutz ist unumstritten und allgemein bekannt. Kompost hat aber auch einen positiven Einfluss auf die Gesundheit von Pflanzen. Die Auswirkungen von Kompost auf die Pflanzengesundheit sind vielseitig. Zu ihnen zählen die Inaktivierung von Krankheitserregern während der Rotte ebenso wie die Induktion von Resistenzen in der Pflanze sowie der Schutz vor Blattkrankheiten durch Kompost-Tees oder Kompostextrakte.

Kompost kann sich direkt oder indirekt auf die Pflanzengesundheit auswirken. Indirekt wirkt Kompost, indem er die Wachstumsbedingungen der Pflanzen verbessert, beispielsweise über den Nährstoffhaushalt mit seinen Makro- und Mikronährstoffen, die Bodenstruktur sowie den Wasserhaushalt. Sind die Wachstumsbedingungen optimal, sind die Pflanzen auch weniger krankheitsanfällig. Außerdem regt er das Bodenleben durch die Zufuhr von organischer Substanz an.

Eine direkte Wirkung von Kompost auf die Pflanzengesundheit ergibt sich durch die Aktivität seiner Mikroflora, denn im Kompost sind unzählige Mikroorganismen vorhanden. Je nach Qualität des Kompostes unterscheidet sich die Zusammensetzung dieser Mikroorganismen aber erheblich. Bei einer guten Rotte mit einer ausreichenden Erwärmung werden praktisch alle Krankheitserreger schon während der ersten Phase der Kompostierung abgetötet.

Dabei wirken drei Mechanismen: zunächst die hohen Temperaturen während der ersten Rottephase, dann die Wirkung von Zersetzungsprodukten während der Rotte und schließlich mikrobielle Antagonisten, also direkte Gegner der Krankheitserreger. Während der nachfolgenden Reifungsphase entwickelt sich bei guten Rottebedingungen eine mikrobielle Besiedelung des Kompostes, die die Pflanzengesundheit positiv beeinflusst. Sie ist hauptverantwortlich für die krankheitsunterdrückenden Eigenschaften des Kompostes. Wird die mikrobielle Population im Kompost aber durch Sterilisation zerstört, verliert der Kompost diese krankheitsbekämpfende Wirkung. Entgegen den oft üblichen Gepflogenheiten sollte man fertige Komposterde daher nicht dämpfen, weil sie dann zwar keimfrei, aber im Grunde leblos ist.

Interessant ist auch die Tatsache, dass Kompost nicht nur die Gesundheit der Pflanzen hinsichtlich im Boden befindlicher Krankheitserreger beeinflusst. Er kann auch den allgemeinen Gesundheitsstatus der Pflanzen erhöhen und Resistenz gegen Krankheitserreger unterstützen, wenn nicht sogar induzieren. Bei Gurken konnte die sogenannte Anthraknose oder Brennfleckenkrankheit mittels Kompost signifikant eingedämmt werden. In Versuchen mit geteilten Wurzeln, bei denen nur die eine Hälfte mit Kompost in Berührung kam, induzierte Kompost die Resistenz von Gurken gegenüber dem Bakterium Pythium ultimum. Diese Wirkung verlor sich allerdings nach der Sterilisierung des Komposts wieder, was auf Mikroorganismen als Wirkursache hinweist.

**Zusammenfassend** kann gesagt werden, dass Kompost nicht nur ein wertvoller organischer Dünger ist, sondern auch ein hohes Potenzial besitzt, Pflanzen vor verschiedenen schädlichen Erregern zu schützen.

## TEMPERATUR UND REIFEGRAD

Für die biologische Qualität von Kompost ist die Rotteführung ausschlaggebend. Während der Hitzephase sollte die Temperatur nicht zu stark ansteigen. Unter optimalen Bedingungen erreicht der Kompost dabei Temperaturen zwischen 60–70 °C. Dann werden Krankheitserreger und Unkrautsamen wirkungsvoll abgetötet, ohne dass die Mikroorganismen dabei zu stark in Mitleidenschaft gezogen werden. Weiterhin sind Lufthaushalt und Feuchtigkeitsgehalt während der Reifungsphase entscheidend. Die für die Krankheitsunterdrückung verantwortlichen Mikroorganismen sind aerob, das bedeutet, sie brauchen Sauerstoff, um sich zu entwickeln. Für eine gute Luftzufuhr sollte ein Komposthaufen also nicht zu groß sein.

**Wenn jeder Haushalt kompostieren würde,**

- könnten jährlich pro Haushalt etwa 65 kg $CO_2$ eingespart werden, verglichen mit der thermischen Verwertung von Biomüll
- könnten in einer durchschnittlichen Großstadt jährlich 170 t Müll vermieden werden, der abgeholt und transportiert werden muss
- könnten erhebliche Mengen an Kunstdünger eingespart werden, die unter hohem Energieaufwand hergestellt werden müssen

*Für eine gute Rotte ist eine ausreichende Erwärmung wichtig*

# Selbst kompostieren

*Wer kompostiert, kann sich die Biotonne sparen*

# Selbst kompostieren

Beim Kompostieren laufen dieselben Prozesse der Kreislaufwirtschaft ab, wie sie sich überall in der Natur finden. Wertlose Abfälle lassen sich dabei ohne großen Aufwand in ein natürliches, nützliches und umweltschonendes Produkt verwandeln, das selbst wiederum wertvolle Arbeit im Garten leistet.

Durch Kompostierung werden Abfallmengen, die sonst mit dem Müll entsorgt würden, deutlich verringert. Möglicherweise reicht dann schon eine kleinere Mülltonne aus, mit der sich Müllgebühren sparen lassen. Viele Gemeinden schreiben inzwischen eine zusätzliche Biotonne vor, die natürlich auch wieder Gebühren kostet. Eine Befreiung ist in der Regel möglich, wenn man nachweist, dass man die Grünabfälle selbst kompostiert und im Garten einsetzt. Unter Umständen erhalten Sie dazu Besuch vom örtlichen Abfallberater, der überprüft, ob sich auf dem Grundstück wirklich eine Kompostanlage befindet.

*So gut wie alle Obst- und Gemüseabfälle dürfen in den Kompost*

Bei der Verwendung von Kompost wird normalerweise kein zusätzlicher Dünger benötigt. Kompost hat eine langanhaltende Wirkung und versorgt mit allen wichtigen Nährstoffen. Er ist ein echtes Naturprodukt, das mit wenig Mühe fast von selbst entsteht. Sie können auf chemische Dünge- und Spritzmittel komplett verzichten. Kompost kann zumindest zum Teil auch als Ersatz für Torf verwendet werden und trägt damit zur Schonung der Moore bei. So tragen Sie mit der Kompostierung auf dem eigenen Grundstück Ihren eigenen Teil zum Umweltschutz bei.

## WELCHES MATERIAL EIGNET SICH ZUM KOMPOSTIEREN?

Alle organischen Küchen- und Gartenabfälle sind für die Kompostierung geeignet. Je vielfältiger die Mischung ist, desto besser und gleichmäßiger funktioniert die Kompostierung, und desto wertvoller wird der Kompost. Verzichten Sie aber unbedingt auf gekochte Speisereste, da sie Ungeziefer anlocken können.

**Gut geeignet sind:**

- Obst- und Gemüseabfälle
- Eierschalen
- Kaffeesatz und Teeblätter
- Blumenschnitt
- angetrockneter Rasenschnitt
- Wildkräuter, gezupftes Unkraut
- Laub
- Baum- und Strauchschnitt
- Rinde, Sägemehl und Holzwolle
- Kleintierstreu und -mist, soweit pflanzliche Streu

**Nicht gut geeignet sind:**

- Schalen von Zitrusfrüchten, außer von ungespritzten Biofrüchten
- Gekochte Speisereste
- Knochen

**Auf keinen Fall in den Kompost gehören:**

- der Inhalt von Staubsaugerbeuteln
- Straßenkehricht
- Zigarettenkippen
- mineralische Katzenstreu
- behandeltes und lackiertes Holz

Laub eignet sich sehr gut zum Kompostieren

Fertiger Kompost riecht angenehm nach Waldboden

## VORGÄNGE BEI DER KOMPOSTIERUNG

**Eine Vielzahl von Organismen ist an der Kompostierung beteiligt:**

- Bakterien
- Pilze
- Milben
- Asseln
- Regenwürmer
- Tausendfüßler
- Geißeltierchen
- Springschwänze
- Käfer

Durch die Tätigkeit der Organismen kommt es zu einer fortschreitenden Zerkleinerung des Ausgangsmaterials. Je mehr Organismen hier mitwirken, desto schneller erfolgt die Verrottung.

Zunächst zersetzen während der **Wärmerotte** wärmeliebende Bakterien das Material. Die Temperatur im Kompost steigt, vor allem, wenn eine große Menge Kompostmaterial gleichzeitig angesetzt wird. Durch die Erhitzung werden bereits viele Unkrautsamen und Krankheitserreger abgetötet. Die bei der Verrottung entstehende Wärme fördert gleichzeitig die Entwicklung der zersetzenden Organismen, sodass der Umsetzungsprozess wiederum beschleunigt wird.

Nach der Wärmerotte setzt die so genannte **Humusrotte** ein. Pilze bauen hierbei Lignin und Zellulose ab. Bakterien sind ebenfalls an der Humusrotte beteiligt. Sie sorgen auch dafür, dass der Kompost im fortgeschrittenen Stadium recht angenehmen riecht, ähnlich wie feuchter Waldboden.

## KOMPOSTER

Es gibt verschiedene Möglichkeiten zu kompostieren. Die häufigste Art ist die Kompostierung in einem offenen oder oben geschlossenen Kompostbehälter. Die Kompostierung kann auch in einer offenen Miete, die z. B. mit Holzlatten oder Gitterrosten eingefriedet ist, erfolgreich durchgeführt werden.

Der Komposter sollte an einem windgeschützten, halbschattigen oder schattigen Platz aufgestellt werden. Er muss auf dem freien Erdboden stehen, damit Kleinstlebewesen aus dem Boden, wie z. B. Regenwürmer, von unten in den Behälter gelangen können. Um aber Mäuse und andere unerwünschte Gäste fernzuhalten, ist es sinnvoll, zuunterst feinen Maschendraht, z. B. Kükendraht, auszulegen.

Darauf kommt als erstes eine ca. 10–20 cm hohe Schicht mit grobem Strukturmaterial, um für eine gute Belüftung zu sorgen und um Staunässe zu vermeiden. Für diese Schicht eignet sich am besten Reisig oder grober Heckenschnitt.

Als Starthilfe empfiehlt es sich, darauf einen Eimer Gartenerde oder fertigen Kompost zu verteilen. Nun können Sie die Garten- und Küchenabfälle einfüllen. Mischen Sie am besten schon beim Befüllen grobes und feines, trockenes und feuchtes Material, damit alles gut belüftet bleibt und nichts zusammenklumpt. Vermeiden Sie größere Mengen von besonders feuchten Abfällen wie z. B. Rasenschnitt. Staunässe unterbricht sonst den natürlichen Verrottungsvorgang und stattdessen setzt eine Art Vergärung ein, die zu unangenehmen Gerüchen führt. Nach etwa einem Jahr ist der Kompost in der Regel fertig.

Ist der Behälter voll, der Kompost aber noch nicht fertig, sollte der Inhalt in einen anderen Behälter umgesetzt werden, sodass die zuletzt eingefüllten Abfälle nun unten liegen. Bereits fertigen Kompost können Sie sofort verwenden. Um feinkrümeliges Material zu erhalten, ist es sinnvoll, ihn vor Gebrauch durchzusieben.

*Kompostbehälter, die hier sogar als Hochbeet für Starkzehrer wie Kürbis verwendet werden*

Von Frühling bis Herbst laufen die Prozesse im Kompostbehälter auf Hochtouren. Im Winter bei tiefen Temperaturen setzt hingegen eine Ruhephase ein. Es bietet sich daher an, den Kompost vorher umzusetzen.

Die Kompostierung nutzt den natürlichen Prozess der Zersetzung, um gezielt und schnell wertvolle Komposterde herzustellen. Die Ausbringung von fertigem Kompost verbessert die Bodenfruchtbarkeit nachhaltig. Das macht sich in kräftigem, gesundem Pflanzenwachstum bemerkbar.

Eine besonders interessante Variante der Kompostgewinnung ist der **Thermokomposter**. Sein größter Vorteil gegenüber anderen Kompostern ist die deutlich schnellere Herstellung der wertvollen Komposterde. Im Gegensatz zu einem herkömmlichen Komposter, bei dem es zwei bis drei Jahre dauern kann, bis wirklich alles verrottet ist, produziert der Thermokomposter den fertigen Kompost in nur sechs bis acht Wochen.

Thermokomposter werden meist aus Kunststoff hergestellt und sind mit einer wärmedämmenden Ummantelung ausgestattet. Diese sorgt dafür, dass die Temperatur möglichst effektiv gespeichert wird und somit sogar an kalten Tagen die Verrottung des Inhaltes fortgesetzt wird. Je nach Modell besteht der Komposter aus einer oder mehreren Entnahmeklappen, die sich

*Im Thermokomposter geht durch höhere Temperaturen alles etwas schneller*

meist direkt über dem Boden befinden. Teilweise können aber auch die Seitenteile mit wenigen Handgriffen einzeln abgenommen werden, um an das Kompostgut zu gelangen. Diese sind zudem mit Belüftungsschlitzen ausgestattet, welche eine günstige Luftzirkulation gewährleisten. Thermokomposter werden in unterschiedlichen Größen mit entsprechend unterschiedlicher Füllmenge angeboten. Die meisten Thermokomposter fassen 200–500 l.

Der Komposter lässt sich durch seine in der Regel konische Form wie eine Kuchenform vom Komposthaufen abziehen, was für das Kontrollieren des Kompostes sehr praktisch ist.

Bei der Auswahl eines Schnell- oder Thermokomposters sollten Sie nicht nur auf den Preis, sondern besonders auch auf eine gute Qualität achten, vor allem die Stabilität ist wichtig. Gerade auf die Steckverbindungen und Scharniere sollten Sie achten, denn sie werden durch häufiges Öffnen und Schließen des Behälters stark beansprucht.

Im Thermokomposter entwickeln sich deutlich höhere Temperaturen. Diese treiben den Verrottungsprozess schneller voran. Hierbei spielt allerdings das richtige Befüllen des Komposters eine wichtige Rolle. Für das Kompostieren im Thermokomposter verwendet man am besten nur stark zerkleinerte Abfälle. Je feiner diese sind, desto schneller schreitet auch die Verrottung voran. Außerdem sollte man darauf achten, dass trockene und nasse Schichten immer im Wechsel aufgebracht werden. Nasse Komponenten wie Gemüseabfälle und Gräser werden mit feinen Holzabfällen vermischt, wobei Grasschnitt immer erst angetrocknet werden sollte. Aber auch die regelmäßige Zugabe von bereits fertigem Kompost zwischen den Schichten intensiviert den Verrottungsprozess. Im Unterschied zu einem normalen Kompostplatz stellt man den Komposter an einen sehr sonnigen Platz, um die Hitzentwicklung zu intensivieren. Damit viele Würmer und Kleinorganismen den Behälter besiedeln können, sollte er direkt auf der Erde aufgestellt werden. Erfolgt die Umschichtung des Kompostes ungefähr alle zwei bis drei Wochen, kann man bereits nach sechs bis acht Wochen den fertigen Kompost entnehmen.

## HILFSMITTEL UND KOMPOSTBESCHLEUNIGER

Ganz grundsätzlich sind keine zusätzlichen Hilfsmittel zur Kompostierung notwendig, da die Verrottung als natürlicher Prozess von selbst abläuft. Sie sollten jedoch durch Zugabe von ausreichend Strukturmaterial wie Hecken- und Strauchschnitt immer für eine gute Belüftung sorgen: Je vielfältiger dabei die Mischung, desto besser funktioniert die Kompostierung.

Fertiger Kompost eignet sich als Zusatz selbst aber auch, sowohl als Starthilfe als auch zum zwischenzeitlichen Impfen des Kompostmaterials. Im Handel erhältliche Komposttstarter sind daher nicht unbedingt nötig.

Fallen größere Mengen Rasenschnitt an, ist die Zugabe von Algenkalk empfehlenswert, damit Feuchtigkeit gebunden wird. Außerdem sollte Rasenschnitt möglichst nur angetrocknet in den Komposter gegeben werden. Alternativ können Sie aber auch alte Zeitungen schichtweise im Wechsel mit dünnen Lagen an Gras in den Kompost legen.

Umgekehrt verrotten große Mengen an trockenem Material wie Äste und Strauchschnitt besser, wenn man es nicht auf einmal auf den Kompost gibt, sondern mit dem Aufschichten immer wartet, bis wieder entsprechende Mengen an feuchten Küchenabfällen oder Gartenabfällen anfallen, um die Substanzen zu mischen.

*Kompostbeschleuniger kann man selbst herstellen, es gibt aber auch Fertigmischungen im Handel*

Wer dem Verrotten des Kompostmaterials einen Schub geben möchte und so schneller zum gewünschten Mulchkompost oder zum reifen Kompost gelangen will, kann spezielle Kompoststarter oder Kompostbeschleuniger verwenden. Diese Produkte enthalten Stoffe, die die Zersetzung des organischen Materials beschleunigen und somit die gesamte Verrottung schneller ablaufen lassen. Die Bestandteile sind vor allem Stickstoff, Kalium, Horn- oder Knochenmehl, also tierisches Material, daneben Enzyme, Spurenelemente, oft auch lebende Mikroorganismen.

Kompostbeschleuniger werden meist in Pulverform angeboten. Je nach verwendetem Produkt und Ausgangslage der Kompostmiete kann der Prozess der Rotte damit deutlich verkürzt werden. Bei entsprechend hohen Temperaturen und guten Voraussetzungen kann der Kompost in acht bis zwölf Wochen fertigwerden.

Am besten ist es, wenn man den Kompostbeschleuniger bereits in einer frühen Phase der Kompostierung einsetzt. Besonders effektiv kann der Beschleuniger wirken, wenn er nach jeder Schicht von etwa 20 cm Kompostmaterial eingestreut wird. Die für den Verrottungsprozess entscheidenden Lebewesen bekommen mit den Bestandteilen des Kompostbeschleunigers eine besonders vorteilhafte Umgebung und vermehren sich dadurch stärker. Zusätzlich zum Beschleuniger kann man mit Kaffee- oder Teesatz sowie mit Zwiebelschalen dafür sorgen, dass Kompostwürmer besonders angelockt werden, was die Kompostierung weiter beschleunigt.

## KOMPOSTBESCHLEUNIGER SELBST HERSTELLEN

Wer gänzlich auf Produkte aus dem Handel verzichten, kann einen Kompostbeschleuniger auch leicht selbst herstellen.

**Zutaten:**

- 1 kg Zucker
- Hefe (Würfel oder Trockenhefe)
- 10 l Wasser

Zunächst die Hefe in möglichst lauwarmem Wasser auflösen und über mehrere Stunden gehen lassen. Schließlich den Zucker unterrühren, bis er sich vollständig aufgelöst hat, und die entstandene Lösung anschließend mit einer Gießkanne über den Komposthaufen gießen.

Achten Sie darauf, dass der Kompost nicht zu nass wird! Haben Sie ohnehin Probleme mit einem tendenziell zu feuchtem Kompost, sollten Sie weniger Wasser nehmen.

# CHECKLISTE KOMPOST

## FOLGENDE MASSNAHMEN BIETEN SICH BEI DEN HÄUFIGSTEN PROBLEMEN AN:

**Problem:** Die Verrottung kommt nicht in Gang, es treten aber unangenehme Gerüche auf.

**Ursache:** Der Kompost ist zu trocken.

**Maßnahme:** Den Kompost befeuchten oder umsetzen und dabei anfeuchten.

**Ursache:** Der Kompost enthält zu wenig Stickstoff; es wurde zu viel Sägemehl, Strauchschnitt oder Laub kompostiert.

**Maßnahme:** Stickstoff zugeben, z. B. durch Zumischen von Rasenschnitt, Brennnesseln oder Hornspänen.

**Problem:** Es treten unangenehme Gerüche auf.

**Ursache:** Unzureichende Luftzufuhr; es ist zu wenig Strukturmaterial enthalten oder der Kompost ist zu nass.

**Maßnahme:** Den Kompost locker auf eine Schicht Reisig umsetzen; Strukturmaterial wie Heckenschnitt, Stroh u. a. zumischen und etwas Erde darüber geben.

**Problem:** Ungezieferbefall, z. B. von Mäusen und Ratten

**Ursache:** Die Tiere finden offensichtlich Futter und/oder Unterschlupf auf dem Kompost.

**Maßnahme:** Keine gekochten Speiseabfälle auf den Kompost geben; Metallgitter unter den Kompostbehälter legen.

*Achten Sie auf eine gute Mischung verschiedener Materialien beim Kompostieren*

**Problem:** Auf dem fertigen Kompost wachsen Unkräuter.

**Ursache:** Unzureichende Erwärmung

**Maßnahme:** Wildkräuter zukünftig in die Mitte geben, da dort die höchsten Temperaturen entstehen.

**Problem:** Auf dem Kompost finden sich Schimmel und Obstfliegen.

**Ursache:** Gär- und Rotteprozesse laufen ab.

**Maßnahme:** Es besteht kein Grund zur Besorgnis, da Pilze, Fliegen und andere Kleinstlebewesen für die natürlichen Abbauprozesse notwendig sind.

# Kompostherstellung auf Balkon und Terrasse

*Die Erde von Maulwurfhügeln eignet sich hervorragend als Kompoststarter*

# Kompostherstellung auf Balkon und Terrasse

Wer keinen Garten zur Verfügung hat, um einen Komposthaufen anzulegen, kann auch auf dem Balkon Kompost erzeugen. Der größte Unterschied zum Kompostieren im Garten liegt aber auf der Hand: Das Kompostgut im Garten hat unmittelbaren Kontakt zum Boden, sodass die wichtigen Kleinstlebewesen, Würmer und Mikroorganismen, ohne die ein Abbau der organischen Stoffe nicht möglich ist, von unten aus der Erde zuwandern können. Auf dem Balkon fehlt genau dieser Zugang zum Boden. Die nötigen Organismen müssen daher gezielt zugesetzt werden, um die Umwandlung des Kompostes anzustoßen. Das kann auf mehrere Arten geschehen.

Am einfachsten ist es, auf einen konventionellen Komposthaufen in der Nähe zurückzugreifen und daraus ein paar Hände voll fertiges Material zu entnehmen. In dieser Erde befindet sich bereits eine Vielzahl der notwendigen Lebewesen, die ihre Arbeit dann auf dem Balkon-Komposter in Gang setzen.

*Anstatt eines Eimers können Sie auch eine Holzkiste mit Folie auskleiden*

Man impft also den Balkon-Kompost mit dem fertigen Kompost.

Es ist aber auch möglich, die Kompostierung auf dem Balkon anzuregen, in man Kompostwürmer beisetzt, die im Handel erhältlich sind. Um dabei die Rotte dauerhaft in Gang zu halten, sollten Sie immer wieder etwas Erde in den Komposter streuen. Kleine Mengen Erde genügen bereits, da sich darin schon unzählige Organismen befinden, die der Kompostierung helfen. Befinden sich keine Gärten in der Nähe, kann man auch in öffentlichen Parks beispielsweise Erde von Maulwurfshügeln entnehmen.

In der Regel bieten Balkon oder Terrasse deutlich weniger Platz für einen Komposter als ein Garten, daher wird man hier auf einen kleineren Behälter zurückgreifen. Sinnvoll ist die Verwendung eines geschlossenen Thermokomposters. Ein Komposter für den Balkon lässt sich auch leicht selbst herstellen. Dazu benötigen Sie einen Plastikeimer mit Deckel. Da der Kompost Sauerstoff zur Umwandlung benötigt, sorgen ringsum eingebohrte Löcher für die entsprechende Belüftung. Am Boden sollten besonders viele Löcher vorhanden sein. Diesen Eimer setzen Sie auf einen großen Untersetzer für Blumenkübel und bocken ihn auf Ziegelsteine, Holzlatten oder ähnlichem auf, damit auch für eine Belüftung von unten gesorgt ist.

## KOMPOSTER FÜR BALKON UND TERRASSE

Im Handel sind praktische Komposter für unterschiedliche Ansprüche erhältlich, und etliche von ihnen können auch auf Balkon und Terrasse verwendet werden, weil sie keinen Bodenschluss benötigen.

Als **Mini-Komposter** werden Komposter mit einem Fassungsvermögen von weniger als 300 l bezeichnet. Darunter sind **Thermokomposter** für diesen Einsatzbereich besonders gut geeignet. Die Kompostierung verläuft bei ihnen nicht nur besonders schnell, sondern findet in einem geschlossenen Behälter statt. Das ist sauber und reduziert die Geruchsbelästigung auf ein Minimum. Außerdem entfällt bei Thermokompostern das Umsetzen. **Schnellkomposter** sind Thermokompostern sehr ähnlich. Sie sind lediglich etwas weniger gut isoliert.

Während die meisten Schnell- und Thermokomposter auf unbefestigtem Boden stehen müssen, damit Mikroorganismen und Würmer von unten her zuwandern können, gibt es auch einige Systeme speziell für Balkon und Terrasse, die in sich geschlossen sind und auf Stein- oder Fliesenboden stehen können. Die Modelle sind sehr gut isoliert, um eine schnelle Rotte zu gewährleisten, sie besitzen Belüftungsschlitze und -klappen, die sich bewegen lassen, um je nach Außentemperatur und Reifegrad des Inhalts die Temperatur im Inneren zu regeln, und bei einigen von ihnen kann man sogar die Innentemperatur an einem integrierten Thermometer ablesen. Zum Gesamtpaket gehört in der Regel auch ein Starterkit aus Kompostmasse mit Mikroorganismen, damit der Kompostiervorgang schnell angestoßen wird, weil durch den Standort die kleinen tierischen Helfer nicht so einfach zuwandern können.

Eine recht neue und interessante Variante sind **Trommel- oder Rollkomposter**. Bei ihnen erfolgt die Kompostierung in einer drehbar gelagerten Trommel, die durch Deckel verschlossen wird. Die für die Kompostierung notwendigen Mikroorganismen werden durch Kompostbeschleuniger bzw. Kompoststarter in Gang gebracht. **Trommelkomposter** sind besonders leicht zu bedienen. Die Befüllung mit Küchenabfällen und die Entnahme des Kompostes erfolgt über Klappen oder Schiebeelemente an der Trommel.

Damit das Kompostgut gut belüftet und durchmischt wird, muss man die Trommel regelmäßig drehen. Die stark isolierende Bauweise der Trommel sorgt dafür, dass die Rotte durch hohe Temperaturen beschleunigt wird.

Anders als bei einem klassischen Komposthaufen im Garten muss der Kompost im Trommelkomposter nicht umgeschichtet werden. Dennoch verrotten die Abfälle sehr schnell. Das spart viel Arbeit, Kraft und auch Zeit. Zudem ist mit einem Trommelkomposter ein sehr sauberes Kompostieren möglich. Durch Belüftungslöcher und -schlitze in der Trommel gelangt zwar

*Roll- oder Trommelkomposter eignen sich für die Terrasse, besonders kleine Varianten auch für den Balkon*

Sauerstoff nach innen, da die Trommel aber nahezu abgeschlossen ist, gelangen unangenehme Gerüche, die beim Verrotten entstehen, nicht nach außen. Zurück bleibt eine nährstoffreiche Erde.

Meist besteht die Trommel aus robustem und UV- sowie witterungsbeständigem doppelwandigem Kunststoff. Das Material speichert Wärme gut, u. a. auch, weil es in den allermeisten Fällen schwarz, zumindest aber dunkel ist. Der Kompostierungsvorgang läuft dadurch viel schneller ab. Kunststoff hat zudem recht wenig Eigengewicht, sodass sich der Komposter einfach transportieren und aufstellen lässt. Die Trommel ist auf einem stabilen Gestell befestigt, das auch im voll befüllten Zustand standfest genug ist. Man sollte jedoch darauf achten, dass ein noch recht wenig bestückter Trommelkomposter bei stärkerem Wind leicht umkippen kann. Wenn sie keine windgeschützte Ecke haben, wo der Komposter stehen kann, empfiehlt es sich, das Gestell mit Ziegelsteinen oder ähnlichem zu beschweren.

Trommelkomposter gibt es mit Ein- und Zweikammer-Systemen. Ein Trommelkomposter mit einer einzelnen Kammer fasst je nach Modell 160–200 l, was für einen Haushalt mit bis zu zwei Personen völlig ausreichend ist. Für größere Haushalte bieten sich Doppelkomposter mit zwei Kammern an, alternativ die Aufstellung mehrerer einzelner Komposter.

*Design-Wurmkomposter*

Eine Sonderform der Mini- bzw. Schnellkomposter sind die **Wurmkomposter**, bei denen eingesetzte Kompostwürmer und Regenwürmer die Kompostierung übernehmen. Darunter sehr schick designte Modelle, die auch im Haus optisch nicht stören. Die Tiere fühlen sich zudem bei Zimmertemperatur am wohlsten, daher sind die Wurmkomposter auch bestens für einen Standort im Haus geeignet. Durch die durgehend warme Umgebung können Sie das ganze Jahr über qualitativ hochwertigen Wurmkompost herstellen.

Viele Wurmkomposter sind aufgebaut wie ein Turm und besitzen mehrere Schubladen mit durchlässigem Boden, in die jeweils Küchenabfälle gefüllt werden. Die Würmer fressen sich Etage für Etage durch die Abfälle und zersetzen sie. Dabei beginnen sie mit der unteren Schublade, arbeiten sich nach oben durch und lassen den fertigen Kompost in der unteren Schublade zurück. Es entsteht dabei kein unangenehmer Geruch. Einige Modelle sind so dekorativ, dass sie sogar ins Wohnzimmer passen würden. In der Regel wird man den Komposter aber eher in die Küche stellen, wo ja auch die allermeisten Abfälle anfallen. Aber auch der warme Heizungskeller wäre ein sehr geeigneter Standort.

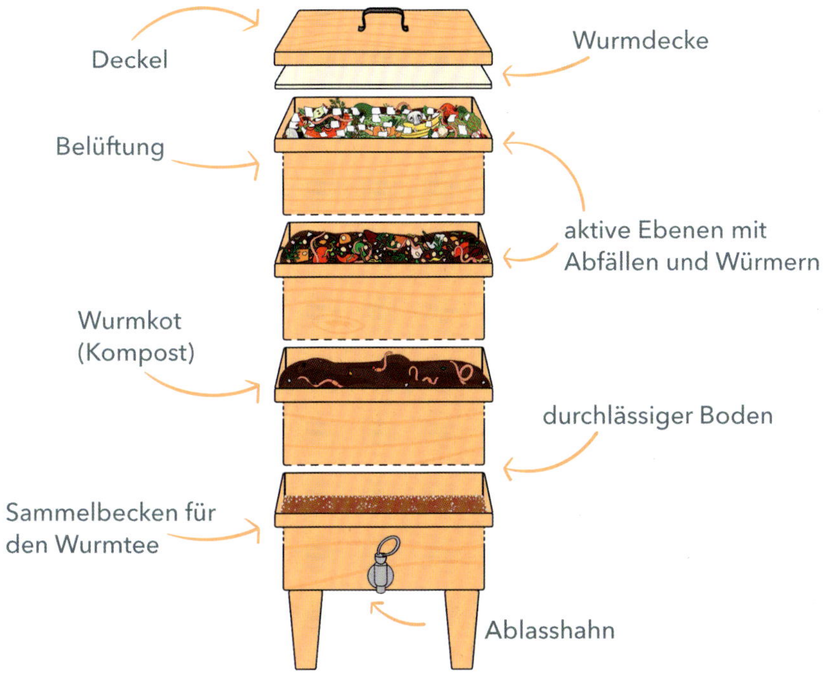


*Aufbau eines Wurmkomposters*

Wurmkisten funktionieren auf die gleiche Weise, nur sind hier die einzelnen Kammern zum Befüllen nicht übereinandergestapelt, sondern befinden sich durch Gitter getrennt nebeneinander.

Wer einen Wurmkomposter aufstellt, sei es im Haus, auf dem Balkon oder der Terrasse, sollte allerdings daran denken, dass die Würmer ständig und regelmäßig neues Futter benötigen. In der großen Kompostmiete draußen im Garten haben die Würmer lange etwas zu fressen, auch wenn einmal kein Nachschub kommt. Im Zweifelsfall wandern sie wieder aus und suchen sich im Garten Futter. Im geschlossenen Wurmkomposter sind sie darauf angewiesen, dass Sie regelmäßig an sie denken und ihnen Kompostmaterial geben!

*Der Kressetest zeigt an, ob der Kompost reif ist*

Abgesehen von der Füll- oder Beschickungsmenge unterscheidet sich die Befüllung eines Indoor-Komposters im Prinzip nicht von der eines klassischen Komposters. Wie beim großen Komposter im Garten sollten Sie auf eine gute Mischung der Kompostmaterialien achten. Beginnen Sie unten mit einigen kleineren Ästen und etwas Laub und achten Sie darauf, dass der Inhalt weder nass noch trocken ist, sondern immer gleichmäßig feucht.

Weil beim Indoor-Komposter aber der direkte Kontakt zum Boden fehlt und Würmer und Mikroorganismen daher nicht einfach einwandern können, benötigen Sie fertigen Kompost als Starthilfe. Zu der ersten Lage an Kompostmaterial geben Sie also etwa 5-10 % fertigen Kompost zu, der die benötigten Lebewesen enthält, außerdem eine Handvoll Steinmehl. Damit die Verrottung möglichst schnell vonstattengeht, sollten die Küchenabfälle und sonstigen Zutaten möglichst kleinteilig sein und daher unter Umständen vor dem Einfüllen zerschnitten werden.

Neben der richtigen Größe der einzelnen Bestandteile kommt es auch auf das passende Mischungsverhältnis an. Ideal ist eine Mischung aus weichen, feuchten und eiweißreichen sowie harten, trockenen und kohlenhydratreichen Stoffen. Eine Faustformel für die optimale Zusammensetzung lautet: 60-80 % feuchte und nährstoffreiche Materialien mit 20-40 % trockenen und nährstoffarmen Materialien mischen. Zur ersten Kategorie gehören Nahrungsreste und Gartenabfälle wie Rasenschnitt, zur zweiten holziges Material, also Äste, Zweige, Heckenschnitt, Laub und Nussschalen.

Ebenso wichtig ist zudem die richtige Balance zwischen Nässe und Trockenheit. Ist die Feuchtigkeit zu hoch, verklebt das Material, sodass der Sauerstoff nicht mehr zirkulieren kann und der Kompost zu faulen beginnt. Ist es hingegen zu trocken, gerät der Verrottungsprozess ins Stocken. Im Idealfall fühlt sich das Material wie ein ausgedrückter Schwamm an. Beobachten Sie regelmäßig die Feuchtigkeit der Kompostiermasse. Wenn sie sich zu trocken anfühlt, gießen Sie etwas Wasser darauf.

*Das Material für Indoor-Komposter sollte gut zerkleinert werden*

Damit alles schön homogen und locker bleibt, sollten Sie die Masse regelmäßig umschichten. Das unterstützt die Versorgung mit Sauerstoff, den die Mikroorganismen und Würmer für ihre Arbeit benötigen. Sie verarbeiten und zersetzen die Abfälle aus Küche und Garten zu Kohlendioxid, Wasser und eben nährstoffreichem Humus.

Die Tonne scheint sich am Anfang sehr schnell zu füllen. Doch genauso schnell sackt der Inhalt in sich zusammen und die Bakterien und Mikroorganismen beginnen mit ihrer Arbeit. Am Ende der Rotte werden noch etwa 10 % des ursprünglichen Materialvolumens übrig sein. Nach einigen Monaten, je nach Außentemperatur, ist der Kompost fertig und kann als wertvoller Humus für viele Zwecke verwendet werden.

Fertigen Kompost erkennen Sie daran, dass er eine dunkelbraune bis schwarze Farbe besitzt. Von der Konsistenz her ist er locker und feinkörnig und riecht ein bisschen nach frischem Waldboden. Mit dem **Kressetest** lässt sich leicht feststellen, ob der Kompost bereits fertig ist: Bei ihm wird eine Handvoll Kompost mit etwas Erde vermischt, in eine Aussaatschale gegeben und leicht angefeuchtet. Dann werden ein paar Kressesamen darauf gestreut und festgedrückt. Sind nach einer Woche viele Samen gekeimt, ist der Kompost reif.

## BALKON-KOMPOSTER SELBST HERSTELLEN

**Das wird benötigt:**

- Behälter (Tonne) mit Deckel und mindestens 75 l Volumen
- Untersetzer zum Auffangen von Flüssigkeit
- 2 Kanthölzer
- 4 Ziegelsteine
- Äste, Zweige und Blätter
- Steinmehl
- etwas fertigen Kompost

Als Behälter eignen sich Plastiktonnen sehr gut. Metallbehälter können Sie ebenso verwenden, achten Sie aber darauf, dass sie nicht rosten und sich keine Farbe löst, falls sie lackiert sind. Beides wäre Gift für die Mikroorganismen und Würmer. Stabile Plastikbehälter halten 4–5 Jahre, danach können sie durch UV-Licht und Frosteinwirkung brüchig werden und sollten ausgetauscht werden. Für die Kompostbehälter sollte möglichst ein warmer Standort gewählt werden. Damit die Würmer auch den Winter in der Komposttonne überleben, müssen sie bei Minusgraden geschützt werden, z. B. mit einer dicken Schicht Luftpolsterfolie. Denn im Unterschied zu einem großen Komposthaufen können sie sich im Balkon-Komposter nicht ins Innere zurückziehen, wo es auch bei tiefen Temperaturen warm genug ist.

**So wird's gemacht:**

1. In den Boden und den unteren Rand des Behälters Löcher mit jeweils ca. 5 cm Abstand bohren, damit im Inneren Luft zirkulieren und Sauerstoff an das Material gelangen kann, sodass Gärprozesse vermieden werden und sich kein unangenehmer Geruch ausbreitet.

2. Den Unterbau aus Untersetzer, den Ziegeln und den Kanthölzern erstellen. Der Untersetzer muss einen etwas größeren Durchmesser als die Tonne haben und etwas niedriger als die Ziegelsteine sein. Die Ziegel um den Untersetzer herumsetzen, dabei an einer Seite so viel Platz lassen, dass der Untersetzer bei Bedarf einfach herausgezogen werden kann.

3. Danach die beiden Kanthölzer auf die Ziegel legen. Stellen Sie sicher, dass die Tonne standfest auf ihnen zu stehen kommt. Durch den Abstand zum Boden wird der Luftaustausch gewährleistet. Der Untersetzer fängt Feuchtigkeit auf, die im Laufe der Zeit aus dem Eimer tropft. Er sollte daher regelmäßig kontrolliert und bei Bedarf geleert werden.

4. Die Tonne wie folgt befüllen: Bis zur Oberkante der seitlichen Löcher dicke, grob geschnittene Äste schichten. Darauf eine dünne Lage aus Zweigen und Blättern geben.

5. Den Deckel aufsetzen und mit einem Stein beschweren.

## WURMKOMPOST

*Kompostwürmer*

Bei der Wurmkompostierung werden wie bereits beschrieben gezielt Kompostwürmer (Eisenia foetida) eingesetzt. Die Kompostierung findet dabei in speziellen Wurmkisten statt. Diese kann man auf dem Balkon, im Keller oder sogar in der Küche aufstellen. Geeignet sind Holzkisten mit möglichst dicken Brettern, die innen möglichst rau sein sollen, damit sie die Feuchtigkeit besser aufsaugen können. Wurmkisten gibt es im Handel auch fertig zu kaufen.

### Ansatz

1. Die erste Füllung der Kiste besteht aus Gartenerde, eingeweichtem, ausgedrücktem Papier, Pappe, Kaffee, Obstschalen und Gemüseresten; den Behälter dabei nur zur Hälfte füllen. Zugesetzt werden außerdem etwa 500 Würmer, die im Handel erhältlich sind. Spezielle Wurmfarmen haben sich auf die Züchtung solcher Kompostwürmer spezialisiert.

2. Anfangs pro Tag höchstens 200 g Abfälle hinzugeben und das Material gleichmäßig feucht halten. Um dabei Fruchtfliegen fernzuhalten, empfiehlt es sich, neues Material mit Zeitungspapier zu bedecken oder die Luftlöcher mit einem Fliegennetz zu versehen.

Der erste Kompost ist nach ca. 3 Monaten fertig. Dann müssen die Würmer vom Humus getrennt werden. Dazu schiebt man den Humus auf eine Seite und fügt neues Material nur auf der anderen Seite hinzu. Die Würmer werden nach ein paar Tagen vollständig abgewandert sein. Danach sollte man noch weitere 4 Wochen warten, bis die meisten Würmer geschlüpft sind. Die so erhaltene Erde nun noch durch ein 10 mm feines Sieb sieben. In der Kiste eine neue Füllung auf der freien Seite in Schichten auflegen, sodass die Würmer neues Futter bekommen.

Steht die Wurmkiste auf dem Balkon, muss sie im Winter an eine frostgeschützte Stelle gebracht werden, da die Würmer kaum Frost vertragen!

### Verwendung

Bei diesem Verfahren erhalten Sie kontinuierlich kleinere Mengen an hochwertigem Kompost für viele Einsatzzwecke.

## WELCHES MATERIAL DARF ZUM KOMPOSTIEREN IN DEN WURMKOMPOSTER?

### Gut geeignet sind:

**Obst und Gemüse:** Im Prinzip darf alles hinein, von A wie Ananas bis Z wie Zwiebel. Wichtig ist, dass das Material auf eine Größe von maximal 2 cm zerkleinert wird, sonst dauert der Zersetzungsvorgang zu lange und läuft zu ungleichmäßig ab. Schalen sollten nur hinein, wenn sie Bio-Qualität haben, also nicht mit konventionellen Pflanzenschutzmitteln behandelt wurden. Beeren mit harter Schale wie Weintrauben sollten vorher zerquetscht werden. Grundsätzlich sollten Sie keine großen Mengen an Obst auf einmal in die Kiste geben, weil die Würmer sonst zu viel Zucker aufnehmen, was ihnen nicht gut bekommt.

**Schnittblumen:** Selbstgepflücktes von der Wiese ist kein Problem, Bio-Schnittblumen sind ebenfalls unproblematisch. Alles andere sollte nicht in die Wurmkiste.

**Eierschalen:** Kleingemörsert können Eierschalen in den Wurmkomposter gegeben werden, ansonsten können Würmer sie nicht sinnvoll verwerten.

**Gekochtes Gemüse:** In Wasser gekochtes Gemüse stellt kein Problem dar. Bedenken sollte man allerdings, dass es sehr viel Feuchtigkeit enthält. Zum Ausgleich sollten Sie gleichzeitig genügend Faserstoffe wie Papier, Pappe oder trockenes Pflanzenmaterial dazugeben.

**Papier und Pappe:** Beides wird von den Würmern gerne gefressen. Verwenden Sie aber chlorfrei gebleichtes Papier. Nicht in den Kompost gehört glänzendes Papier, denn darauf befinden sich schädliche Lacke. Am besten eignet sich altes Zeitungspapier und brauner Karton. Das Material in kleine Schnipsel reißen und gut untermischen.

**Kaffeesatz und Teebeutel:** Würmer lieben Kaffeesatz und Teeblätter, deshalb dürfen diese auch in nahezu unbegrenzter Menge in den Komposter. Bei Teebeuteln achten Sie bitte darauf, dass die Beutel wirklich aus Papier sind und nicht aus Kunststoff wie bei einigen Pyramidenbeuteln mit angesagten Teespezialitäten. Kaffeepads bestehen aus Papier und stellen kein Problem dar.

*Auch Schnittblumen dürfen in den Wurmkomposter*

## Eingeschränkt geeignet sind:

**Nussschalen:** In kleinen Mengen und sehr klein gehackt stellen sie kein Problem dar, allerdings zersetzen sie sich nur sehr langsam, sodass Sie Reste davon auch im fertigen Kompost finden werden.

**Zitrusfrüchte:** Auch hier gilt: Nur Schalen von Bio-Früchten. Außerdem sollte der Anteil an Zitrusfrüchten nicht zu hoch sein, aber meist fallen im Vergleich zu anderem Obst und Gemüse ja nicht allzu viele Zitrusfrüchte an (es sei denn, man presst jeden Morgen frischen Orangensaft für die ganze Familie).

**Unkraut:** Grundsätzlich darf Unkraut in die Wurmkiste. Bei Samenunkräutern sollten Sie sich aber vergewissern, dass sich keine Samen daran befinden. Diese würden den Zersetzungsvorgang nämlich ohne weiteres überleben und in der fertigen Komposterde keimen, sobald man sie in Töpfe und Blumenkästen gefüllt hat.

## Ungeeignet sind:

**Nudeln, Brot, Reis, gekochte Hülsenfrüchte:** Diese stärke- und proteinhaltigen Nahrungsmittel werden von Würmern nicht vertragen und dürfen nicht in die Wurmkiste.

**Katzenstreu:** Auch mit kompostierbarer Katzenstreu können die Kompostwürmer nichts anfangen, daher darf diese nicht in die Kiste.

## KOMPOSTTEE

Wurmkompost ist auch die Basis für Komposttee. Komposttee ist eine preiswerte Variante, um den Boden zu beleben, außerdem wirkt er durch die enthaltenen Nährstoffe als Dünger. Im Handel erhältliche Erde ist oftmals hocherhitzt, damit sie lange gelagert werden kann. Darum enthält diese kaum Bodenlebewesen, die den Pflanzen aber bei der Nährstoffaufnahme helfen.

**Komposttee selbst herstellen:**

1. Eine Handvoll reifen Wurmkompost in einen durchlässigen Beutel, z. B. ein sehr feines Wäschenetz, geben und in eine 10 l-Gießkanne mit Regenwasser hängen.

2. Mehrmals täglich umrühren. Nach 2–3 Tagen ist der Komposttee verwendbar, das Netz kann herausgenommen werden.

Komposttee ist vielfältig anwendbar. Sie können den Wurzelbereich von Pflanzen damit gießen, wodurch sich ein Bakterienfilm auf den Wurzeln bildet, der das Eindringen von Krankheitserregern erschwert. Auch als vorbeugendes Stärkungsmittel zum Spritzen gegen Pilzkrankheiten eignet sich der Tee sehr gut.

## WURMTEE

Auch die sich sammelnde Sickerflüssigkeit, der so genannte Wurmtee, dient in einer Verdünnung von 1 Teil auf 5 Teile Wasser als Flüssigdünger sowohl für Zimmerpflanzen als auch für Zier- und Gemüsepflanzen in Töpfen.

Wichtig ist, dass Sie die Gieß- und Spritzarbeiten bei bedecktem Wetter durchführen, um die empfindlichen Mikroorganismen zu schonen! Günstig ist ein Mulchen der Pflanzgefäße mit organischem Material als Starthilfe für die Mikroorganismen und zur Verhinderung zu starker Verdunstung.

## ETAGENKOMPOSTER

Als Etagenkomposter werden Wurmkisten bezeichnet, bei denen mehrere übereinander liegende Ebenen die Befüllung und Umschichtung vereinfachen.

Die unterste Ebene eines Etagenkomposters ist ein Auffangbehälter für Sickerflüssigkeit, die während des Kompostiervorgangs anfällt. Darüber befinden sich zwei oder mehr abnehmbare Ebenen. Die Ebenen werden durch Zugabe von organischen Resten aus Küche und Haushalt langsam gefüllt. Die Böden der einzelnen Ebenen haben Löcher, durch die Würmer von einer Ebene zur anderen wechseln können. So können sie selbständig zu den Ebenen mit frischem Futter nach oben kriechen oder sich beispielsweise bei Hitze in die unteren Ebenen zurückziehen.

Zu Beginn wohnen die Würmer in der Schicht über dem Auffangbehälter und wandern langsam nach oben. Wenn alle Würmer aus der untersten Schicht ausgezogen sind, kann die unterste Ebene mit dem fertigen Wurmkompost entnommen werden.

Die oberste Ebene dient dem Befüllen mit kompostierbaren Abfällen. Sobald diese Ebene voll ist, wird die unterste Ebene, in der sich dann der erste fertige Wurmkompost befindet, herausgenommen, entleert und wieder oben aufgesetzt. Sie kann dann die neuen Abfälle aufnehmen. Da die Würmer stets zu den frischen Abfällen nach oben kriechen, sobald sie die Gemüsereste in einer Ebene völlig zersetzt haben, ist die unterste Ebene bei Entnahme fast vollständig wurmfrei. Durch das Schichtensystem kann eine regelmäßige Entnahme von Wurmkompost und parallel die Zugabe von kompostierbaren Abfällen vorgenommen werden. Aus dem Auffangbehälter kann zusätzlich die Flüssigkeit abgelassen und als Flüssigdünger verwendet werden. Wurmkompost eignet sich auch hervorragend als Blumen- oder Balkonkastenerde.

Im Handel sind die unterschiedlichsten Modelle erhältlich, von der einfachen Kunststoffausführung bis zur luxuriösen Holzkiste mit gepolstertem Deckel, auf dem man sogar sitzen kann, sowie mit Rollen fürs leichtere Bewegen im Haus. Einige sind fertig zusammengebaut, andere werden als Bausatz mitsamt genauer Anleitung angeboten. Auch die erste Grundausstattung an Kompostwürmern ist bei den Anbietern erhältlich.

# Eine Wurmkiste selbst bauen

Der Handel bietet zwar vielfältige Wurmkisten zum Kauf an, wer aber über ein wenig handwerkliche Erfahrung verfügt, kann eine solche Kiste auch selbst bauen. Im vorgestellten Beispiel handelt es sich um ein einfaches Modell aus Holz mit zwei Kammern, die nebeneinander liegen und durch ein Drahtgeflecht voneinander getrennt sind, und das mit einem Deckel verschlossen werden kann. Eine Wurmkiste ist nicht schwerer zu bauen als ein Hochbeet. Die meisten Werkzeuge und Materialien zum Bau wird wohl jeder im eigenen Haushalt haben, ansonsten sind sie im Baumarkt erhältlich. Die fertige Wurmkiste hat eine Grundfläche von 40 cm × 80 cm und eine Höhe von etwa 40 cm.

## Material:

- 4 Holzplatten (80 cm × 40 cm; 1,8 cm dick) für Front- und Rückseite, Deckel und Boden
- 2 Holzplatten (36,4 cm × 40 cm; 1,8 cm dick) für die beiden Seiten
- Küken- oder Hasendraht mit einer Maschenweite von etwa 1 cm × 1 cm für das Trenngitter
- 2 Leisten (40 cm × 3 cm × 3 cm) für die langen Seiten des Trenngitters
- 2 Leisten (30,4 cm × 3 cm × 3 cm) für die kurzen Seiten des Trenngitters
- 2 Möbelscharniere für die Befestigung des Deckels
- etwa 50 Holzschrauben (z.B. 4,5 mm × 40–50 mm) mit Senkkopf
- etwa 8 (je nach Anzahl der Bohrlöcher in den Scharnieren) Holzschrauben (z.B. 4,5 mm × 20 mm)
- ein Tacker oder kleine Nägel zur Befestigung des Gitters
- ein Seitenschneider zum Zuschneiden des Drahtgeflechts
- Holzleim
- **Optional:** 4 Leisten (40 cm × 3 cm × 3 cm) zur Stabilisierung der Kiste von innen; in diesem Fall benötigen Sie keinen Holzleim.

Preisgünstig und robust sind Leimholzplatten. Meist sind solche aus Fichtenholz im Baumarkt erhältlich. Die Maße 80 cm × 40 cm findet man oft bereits fertig zugeschnitten, prinzipiell kann man sich die passenden Maße aber in der Zuschnittabteilung auch zurechtschneiden lassen.

## Werkzeug:

- Säge, falls die Leisten nachgeschnitten werden müssen
- Akkuschrauber/-bohrer mit verschiedenen Bohr- und Schraubaufsätzen
- **Optional, aber sehr hilfreich:** Schraubzwingen, Winkelzwingen, Winkeleisen

## Werkzeug

## So wird's gemacht:

### Bau der Kiste

1. Die Rückwand auf die Bodenplatte stellen und von unten 3-4 Löcher etwa 3 cm tief mit einem Bohrer (2-2,5 mm Stärke) vorbohren. Drehen Sie das Ganze entweder auf die Seite oder hochkant, je nachdem, wie Sie besser arbeiten können.

Tipp: Winkelzwingen, die die Platten im rechten Winkel zueinander halten, erleichtern das Arbeiten hier sehr!

2. Die Bohrlöcher mit einem speziellen Bohrer, dem Senker, nachbearbeiten, damit die Senkköpfe der Schrauben später komplett im Holz verschwinden.

Hinweis: Vorbohren und Ansenken sind bei sehr weichem Holz nicht unbedingt nötig.

Beim direkten Schrauben kann es aber eher zu Holzrissen kommen. Außerdem ist es dann nicht leicht, die Schrauben wirklich gerade in das Holz zu bekommen.

3. Anschließend die beiden Platten wieder voneinander trennen und auf eine Platte eine dünne Linie Holzleim geben.

4. Die beiden Platten nun wieder in die Winkelposition stellen, mit den Winkelzwingen gut zusammendrücken und anschließend zusammenschrauben. Den Leim noch 20 Minuten trocknen lassen, dann können die Winkelzwingen entfernt werden. Durch die Vorbohrungen werden die Schrauben gerade geführt und schließen plan mit der Plattenoberfläche ab.

5. Die Seitenwände so aufstellen, dass sie außen bündig mit dem Boden und dem ersten Seitenteil abschließen. Für das zweite Seitenteil sollte an der vorderen Kante noch genau eine Plattenstärke übrig sein.

6. Die Seitenteile und anschließend auch die Frontplatte wie die ersten beiden Platten mit Winkelzwingen ausrichten, vorbohren, ansenken, verleimen und schließlich mit Schrauben befestigen.

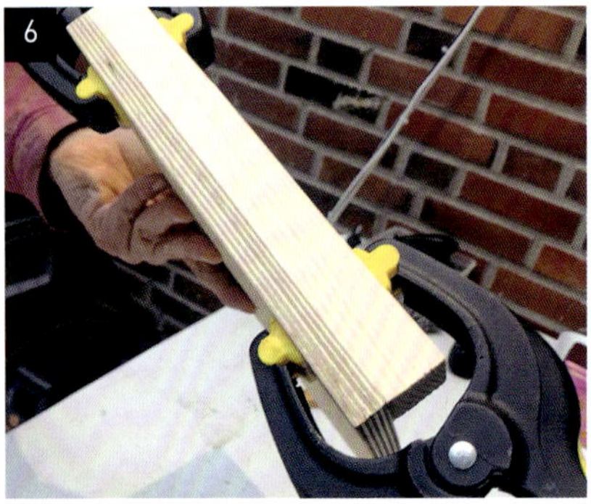

Alternativ kann auch mit Innenleisten gearbeitet werden, dann werden keine Winkelzwingen, sondern nur einfache Zwingen benötigt, die sehr viel günstiger sind.

Die Arbeitsschritte erfolgen dabei in einer etwas anderen Reihenfolge. Zunächst wird die Front an den Seiten mit den Leisten verbunden, das Bohren, Leimen und Verschrauben wie oben beschrieben vornehmen. Dann die Front davorsetzen, so dass eine oben und unten offene Kiste entsteht. Erst danach den Boden unterschrauben.

### Bau des Trenngitters

1. Die 4 Leisten (2× je 40 cm lang und 2× je 30,4 cm lang) zu einem Viereck mit Außenmaßen von 40 cm × 35,4 cm zusammensetzen und mit einer Zwinge fest zusammenpressen.

2. An jeder Ecke 50 mm tiefe Löcher in die längeren Leisten bohren (jeweils 30 mm durch die längere Leiste und 20 mm in die Schnittkante der kürzeren Leiste) und die Bohrlöcher anschließend wieder ansenken. Alle Leisten anschließend wieder auseinandernehmen und Holzleim rund um die Bohrlöcher geben.

3. Den Rahmen wieder zusammenfügen, mit der Zwinge fixieren und alles festschrauben. Nachdem der Leim getrocknet ist, die Zwinge entfernen.

4. Den Draht über das Viereck legen und mit dem Seitenschneider passend zuschneiden. Der Draht darf an keiner Seite überstehen

1

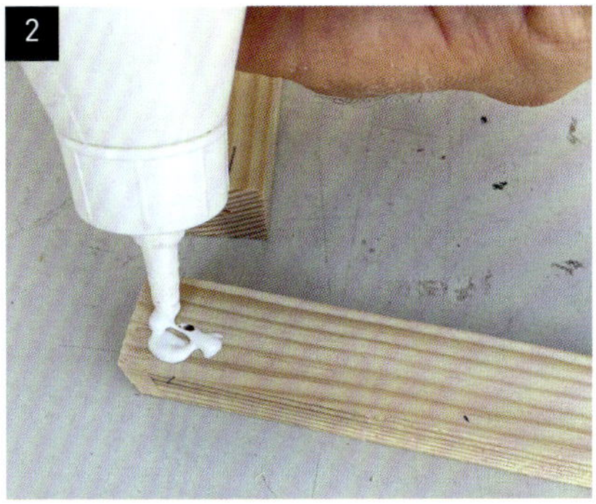

2

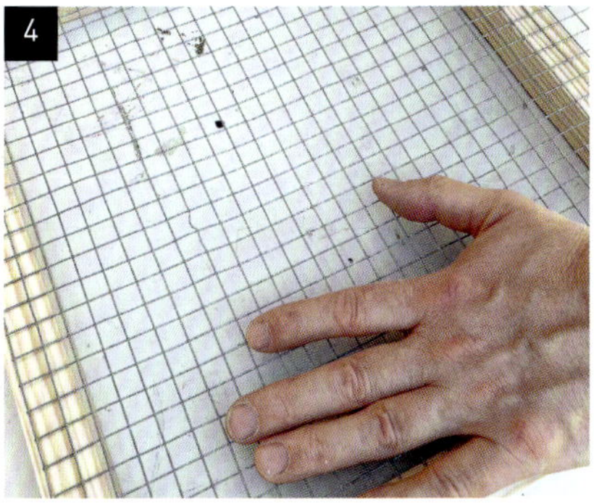

4

5

6

5. Dann das Drahtgitter auf den Holzleisten festtackern. Alternativ können zum Befestigen des Gitters auch kleine Nägel mit Tellerkopf verwendet werden, viel einfacher geht es aber mit dem Tacker. Da man diesen auch für andere Arbeiten im Haushalt immer wieder verwenden kann, lohnt sich auch die Neuanschaffung.

6. Das fertige Trenngitter in die Mitte der Kiste stellen, sodass zwei gleich große Fächer entstehen. Das Trenngitter mit einer Zwinge fixieren, die Löcher wie zuvor vorbohren, ansenken und verschrauben.

### Befestigen des Deckels

Die vierte Platte bündig auf die Kiste legen. Die Scharniere so positionieren, dass sie einen gleichmäßigen Abstand zu den Kanten haben. Die Bohrlöcher anzeichnen, die Scharniere wieder entfernen und die Löcher vorbohren. Dann die Scharniere festschrauben.

### Die Befüllung der selbstgebauten Wurmkiste:

Damit die Würmer in die Kiste einziehen können, sind noch ein paar Vorbereitungen erforderlich.

1. Auf der Seite, in die die Würmer eingesetzt werden sollen, eingeweichte Streifen aus Zeitungspapier und Wellpappe füllen. Nach dem Einweichen die Streifen vorsichtig ausdrücken, damit nicht zu viel Flüssigkeit zurückbleibt.

2. Den Boden mehrere Zentimeter hoch mit dem Gemisch bedecken. Hier verkriechen sich die Würmer gerne, vor allem am Anfang, wenn sie sich noch eingewöhnen müssen. Außerdem verwenden die Würmer diese Materialien gerne für die Eiablage.

3. Anschließend kommen die Kompostwürmer zusammen mit etwas fertigem Kompost und feuchter Erde hinein.

4. Alles mit einer Schicht feuchtem Zeitungspapier abdecken, um den Würmern ein angenehmes Kleinklima zu bereiten.

In den ersten beiden Wochen nur wenig Küchenabfälle dazugeben, die sehr gut zerkleinert sein sollten.

Die Wurmkiste funktioniert wie ein Etagenkomposter, nur dass die Ebenen nicht übereinander, sondern nebeneinander liegen. Die Würmer werden genauso gefüttert und gepflegt. Da die Kiste aus Holz besteht, ist sie bis zu einem gewissen Grad sogar atmungsaktiv und kommt daher ohne Ablassventil aus, über das bei einem Etagenkomposter aus Plastik die unterste Ebene entwässert wird.

Trotzdem sollte das Substrat in der Kiste nicht zu nass werden, da die Würmer sonst ersticken. Bei zu viel Feuchtigkeit sollten Sie Zeitungspapier,

*Befüllung der Wurmkiste*

Wellpappe oder trockenen Grünschnitt zugeben. Sind die Garten- und Küchenabfälle dagegen zu trocken, gießen Sie vorsichtig Wasser darauf.

Sobald das erste Fach der Wurmkiste voll ist, wird auf der anderen Seite weiter gefüttert. Der Boden dort wird wie auf der ersten Seite mit Wellpappe und Zeitungspapier befüllt, bevor die erste Wurmnahrung zugegeben wird. Alle Küchenabfälle kommen nun auf die neue Seite. Die andere Seite trocknet nach und nach aus und sollte zur Unterstützung alle paar Tage durchgemischt werden. Die Würmer wandern auf der Suche nach Futter nach und nach auf die andere Seite. Wenn der Kompost auf der ersten Seite so trocken ist, dass er krümelt, können Sie ihn als Dünger und Pflanzsubstrat verwenden.

Die erste Seite kann anschließend wieder neu befüllt werden.

## BOKASHI

Seit einiger Zeit liest man immer wieder vom sogenannten Bokashi-Eimer, mit dem sich besonders hochwertiger und nährstoffreicher Kompost herstellen lässt. Was ist das Besondere daran und was macht Bokashi, den Kompost, der sich damit herstellen lässt, so wertvoll? Der Begriff Bokashi kommt aus dem Japanischen und bedeutet übersetzt »fermentiertes organisches Material«. Es handelt sich um einen hochwertigen Dünger, der mindestens so wertvoll sein soll wie reifer Kompost aus konventioneller Herstellung, aber mit weniger Aufwand und Arbeit herzustellen ist.

Der wichtigste Unterschied zur üblichen Kompostierung besteht darin, dass Bokashi unter Luftabschluss, also anaerob, in einem speziellen Behälter hergestellt wird. Im Prinzip werden dabei die gleichen Ausgangsmaterialien in Komposterde verwandelt. Darüber hinaus ist es aber auch möglich, Abfälle zu verwenden, die sowohl in einer herkömmlichen Kompostmiete als auch in einem Thermokomposter problematisch wären.

Bei der üblichen **Kompostierung** erfolgt die Umsetzung unter Mitwirkung von Sauerstoff. Es ist ein Oxidationsprozess, mehrmaliges Wenden und Umsetzen ist daher erforderlich. Auch ist ein längerer Reifeprozess notwendig, bis alle Verwesungsstoffe abgebaut sind. Dabei können Nährstoffe durch Treibhausgasbildung an die Atmosphäre verlorengehen.

Bei der Herstellung von **Bokashi** wird das organische Material möglichst frisch mit sogenannten effektiven Mikroorganismen geimpft, anschließend in einen Eimer, Sack oder ähnlichen Behälter gegeben und luftdicht verschlossen.

Durch den einsetzenden Fermentationsprozess erfolgt die Zersetzung und Umwandlung. Alle Nährstoffe bleiben dabei vollständig erhalten. Sie werden durch die eintretende milchsaure Vergärung sogar noch aufgewertet, wie bei der Herstellung von Sauerkraut der Gehalt an Vitaminen und Nährstoffen höher ist als beim Ausgangmaterial, dem Weißkohl. Die Dauer der Umwandlung hängt von der Zusammensetzung des Ausgangsmaterials und der Temperatur ab. Zeiten zwischen drei und acht Wochen sind üblich. Bei der Zusammensetzung kommt es darauf an, dass die Abfallmenge ein bestimmtes Verhältnis von Kohlenstoff zu Stickstoff aufweist. Günstig ist ein Verhältnis von 15–25 Teilen Kohlenstoff zu einem Teil Stickstoff. Das ausgebrachte Bokashi wird nur flach in den Boden eingearbeitet, es vererdet schnell und ist für die Pflanze nach ein bis zwei Wochen verwertbar, also sehr viel schneller als Kompost oder gar Mulch.

*Befüllung des Bokashi-Eimers*

Einen Bokashi-Eimer können Sie fertig im Handel kaufen. Günstiger ist es aber, ihn selbst zu bauen, zumal man dazu nicht viele Materialien benötigt und der Zusammenbau nicht schwierig ist.

### Sie benötigen:

- 2 gleiche Lebensmitteleimer mit Rand aus Plastik, die ineinander gesteckt luftdicht abschließen und einige Zentimeter Zwischenraum zwischen ihren Böden lassen
- einen passenden Deckel für den Plastikeimer
- Bohrmaschine oder Cutter
- einen Ablaufhahn
- passende Mutter/Muffe
- Hanffasern
- Abdichtpaste
- Milchsäurebakterien oder Präparate wie z. B. Effektive Mikroorganismen (EM), Ferment Aktiv, Lebender Sauerkrautsaft
- eine Kanne Brottrunk
- eine Sprühflasche
- eine Plastiktüte
- Sand

**So wird es gemacht:**

1. Zunächst die Eimer mit heißem Wasser gründlich reinigen.

2. Mit einem dünnen Bohrer zahlreiche Löcher in den Boden des inneren Eimers bohren.

3. Dann den Hahn wie folgt in den äußeren Eimer einbauen: Um ihn passgenau anzubringen, beide Eimer ineinander stellen und zunächst die Umrisse des Hahns auf den zweiten Eimer zeichnen. Wichtig ist, dass der Hahn den inneren Eimer später nicht behindert, sodass dieser weiterhin luftdicht in den äußeren Eimer passt. Das eingezeichnete Loch aus dem äußeren Eimer herausschneiden, den Hahn hindurchstecken und von der Innenseite her mit einer passenden Mutter befestigen. Wichtig ist dabei, den Durchtritt sorgfältig abzudichten. Das gelingt am besten mit Dichtpaste und Hanf oder Werg, wie es auch von Sanitärinstallateuren zur Abdichtung verwendet wird.

4. Den inneren Eimer wieder in den äußeren Eimer stellen, sodass sie fest ineinanderstecken. Durch die Perforation des inneren Eimers sammelt sich in dem äußeren Eimer bei der Vergärung Flüssigkeit, die mit dem Hahn abgelassen werden kann.

5. Den inneren Eimer anschließend mit organischen Abfällen füllen und beim Aufschichten nach und nach mit einer wässrigen Milchsäurebakterien-Lösung im Verhältnis 10:1 besprühen.

6. Anschließend einen Plastiksack mit nassem Sand befüllen, gut verschließen und das organische Material damit beschweren, sodass es während der Fermentation gut zusammengepresst wird. Achten Sie darauf, den Sand im Beutel so zu verteilen, dass das organische Material schon dabei möglichst vollständig abgeschlossen wird.

7. Den Eimer mit dem Deckel luftdicht verschließen.

Je nach Ausgangsmaterial werden verschiedene Arten von Bokashi unterschieden, die hier kurz und exemplarisch vorgestellt werden:

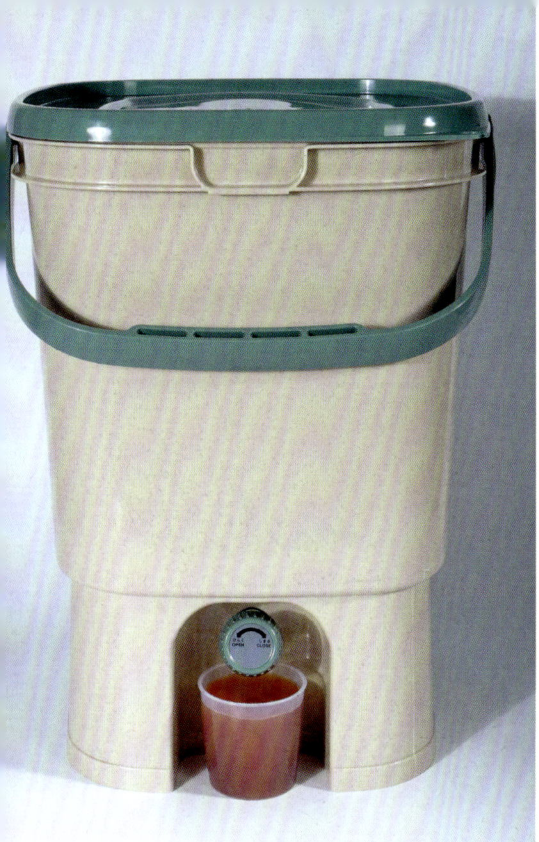

*Wer den Bokashi-Eimer nicht selbst bauen möchte, für den gibt es im Handel zahlreiche praktikable Modelle, die zudem noch gut aussehen*

## KÜCHENBOKASHI

Für Küchenbokashi eignet sich alles, was beim Gemüseputzen in der Küche anfällt. Sogar Schalen von Zitrusfrüchten, Bananen und andere Schalenfrüchte, die sich schlecht für den üblichen Kompost eignen, können verwendet werden. Dass Sie dafür keine gespritzten Früchte verwenden sollten, versteht sich aber von selbst. Die Gemüseabfälle sollten möglichst rasch in den Eimer gefüllt werden, bevor sie in der Küche zu faulen beginnen. Selbst gekochte Essensreste eignen sich für die Bokashi-Herstellung, sie sind aber keine besonders wertvollen Bestandteile.

Küchenbokashi ist durch seine geringe Größe und leichte Handhabung hervorragend geeignet, um erste Erfahrungen zu sammeln. Der Bokashi-Behälter kann auch in der Küche oder an einem Platz stehen, der von der Küche aus bequem zu erreichen und keinen großen Temperaturschwankungen ausgesetzt ist.

Auch in einer Erdmiete können Bokashi lagern. Schichten Sie Bokashi und Erde jeweils im Wechsel 15 cm hoch auf. Das Ganze schützen Sie mit stabiler Folie vor Nässe und Lufteintrag. Ringsherum beschweren Sie die Folie genau wie bei einem Flachsilo mit Steinen am Boden. Ein helles Vlies darüber schützt vor zu großer Erwärmung durch die Sonne.

### Ansatz

1. Jede Schicht mit frischen Gemüseabfällen etwa 10–15 cm hoch einfüllen und mit EM-Verdünnung (5 ml/l) benetzen. Das Multimikroben-Präparat EM (Effektive Mikroorganismen) bringt mit über 80 verschiedenen Mikrobenstämmen die Fermentierung in Gang.

2. Über jede Schicht etwas EM-Keramikpulver (z. B. Super-Cera) streuen. Das aktiviert sowohl die EM-Mikroben als auch alle anderen, schon vorhandenen nützlichen Bakterien für die Umwandlung.

Statt EM-Verdünnung und -Keramikpulver kann auch mit etwas fertigem Futter-Bokashi überstreut und der Umsetzungsprozess angestoßen werden. Futter-Bokashi ist ein trockenes Material aus Getreideresten (Weizenkleie, Spelzen), dem aktiviertes EM und Zuckerrohrmelasse als Stickstoff- und Mineralienlieferant zugesetzt wurde. Futter-Bokashi verursacht weniger Sickerflüssigkeit als die Bokashi-Herstellung mit EM-Versprühung.

3. Nun die Gemüseabfall-Schicht gründlich stampfen, damit eingeschlossene Luft vollständig herausgepresst wird. Die Fermentierung ist nur möglich, wenn kein Sauerstoff den Prozess beeinflussen kann. Durch noch vorhandenen Sauerstoff würde der Abbau über Fäulnis ablaufen, wobei ein Großteil der Nährstoffe aufgezehrt wird.

4. Danach einen mit Sand gefüllten Folienbeutel breitflächig auflegen, sodass die Füllung beschwert wird und kein Sauerstoff mehr eindringen kann. Den Sand auch zum Rand hin gleichmäßig verteilen, damit der Beutel überall gut abschließt.

5. Den Deckel aufsetzen und luftdicht verschließen. Das Grünmaterial sackt mit der Zeit stark zusammen. Nach jeder weiteren Befüllung den Deckel des Behälters wieder fest verschließen.

6. Den Bokashi-Eimer an einen gleichmäßig temperierten Platz, auf keinen Fall aber in die pralle Sonne stellen. Die Fermentierung dauert bei 20–22 °C im Schnitt 14 Tage. Bei kühleren Temperaturen dauern Fermentierung und Umwandlung entsprechend länger.

7. Den Sickersaft mindestens alle zwei Tage über den Hahn ablassen. Bleibt dieser länger im Eimer, beginnt er zu stinken, weil sich über dem Flüssigkeitspegel ein Sauerstoffpolster bilden kann, das Fäulnis verursacht. Den Sickersaft können Sie verdünnt (5 ml/l Wasser) bereits als hervorragenden Dünger für Ihre Pflanzen verwenden! Der Sickersaft sollte stets einen feinen, leicht süß-säuerlichen Geruch aufweisen, der bei der Umwandlung des organischen Materials entsteht. Beginnt er, stärker zu riechen oder gar zu stinken, ist beim Fermentierungsprozess etwas schiefgelaufen.

*Das Material im Bokashi-Eimer sackt schnell zusammen*

Am besten entsorgen Sie dann den gesamten Ansatz auf dem Kompost und setzen neuen Bokashi an.

Das fertige Küchenbokashi zeigt immer noch die ursprünglichen Strukturen des organischen Materials. Nur die frische Farbe der verwendeten Abfälle ist einem fahlen bräunlichen Farbton gewichen.

Das ändert sich, wenn Bokashi mit Boden in Berührung kommt und innerhalb kurzer Zeit vererdet.

Falls sich mehr Bokashi angesammelt hat, als Sie momentan brauchen, können Sie ihn luftdicht bis zu einem Jahr in einem stabilen Plastikbeutel bei Kellertemperatur lagern. Den Sack stellen Sie dazu auf den Kopf, sodass der Verschluss fest und luftdicht auf dem Boden aufliegt. Die Mikroben pausieren einfach so lange, bis das Bokashi wieder mit Erde in Berührung kommt.

*Effektive Mikroorganismen sind wichtig für die Fermentation*

## Verwendung

Der niedrige pH-Wert des reifen Küchenbokashi (unter 4) wirkt sehr aggressiv, wenn Pflanzen direkt ins frische Bokashi gesetzt werden. Ihre Wurzeln würden verätzen, die Blätter verbrennen. Aber nach zwei Wochen im Boden ist Bokashi bereits neutralisiert und auch schon recht weit zu Erde zerfallen. Nur noch grobe Teile des Ausgangsmaterials lassen sich erkennen.

Im Frühjahr können Sie 14 Tage vor einer geplanten Pflanzung Bokashi in einer bodendeckenden, dünnen Schicht von etwa 2 cm auftragen und einarbeiten.

Bei vorhandenen Pflanzungen ziehen Sie 20–30 cm vom Wurzelwerk entfernt einen 20 cm tiefen Graben und füllen das Bokashi etwa 5 cm hoch ein. Darüber häufen Sie die Erde wieder. Die Wurzeln der Pflanzen wachsen langsam auf das Bokashi zu. Bis sie es erreicht haben, ist dieses bereits neutralisiert und für die Wurzeln gut verwertbar.

*Wertvolle Bokashi-Erde*

Für die Düngung von Bäumen außerhalb des Kronendurchmessers zwei Löcher 2 Spaten tief ausheben und Bokashi mit der Aushuberde vermischt einfüllen. Mit EM-Verdünnung (10 ml/l) gründlich begießen.

Wenn Sie aussäen wollen, geben Sie einen Tag vor der Aussaat eine Handvoll feines Bokashi und einen Teelöffel EM-Keramikpulver in 5 l Aussaaterde und mischen Sie alles gut durch.

## GETREIDEBOKASHI

Bei der Herstellung von Getreidebokashi fällt keine Sickerflüssigkeit an. Darum reicht als Behälter ein einfacher verschließbarer Eimer aus.

**Ansatz**

1. Für 25 l Getreidebokashi: 6 l Wasser, 0,3 l Effektive Mikroorganismen (EM), 15 l Weizenkleie, 5 l Leinkuchen und 5 l Sojamehl gleichmäßig vermengen, schichtweise in einen Eimer füllen und gut anpressen, damit sämtliche Luft entweicht. Die Größe des Eimers sollten Sie so wählen, dass er bis unter den Rand gefüllt ist.

2. Den Deckel schließen und den Eimer an einen mindestens 20 °C warmen Standort stellen, jedoch nicht in die direkte Sonne.

Nach 2–4 Wochen ist das Bokashi fertig und ist danach noch einige Monate lagerfähig. Einen angebrochenen Eimer sollten Sie aber innerhalb von einigen Wochen aufbrauchen.

Getreidebokashi eignet sich sehr gut als Direktzusatz zu Erdmischungen, als Düngedepot in Pflanzkübeln und zur Herstellung von Bokashi aus Gartenabfällen.

## BOKASHI-ERDE

Wer keinen Garten hat, kann mit EM-Bokashi auch für üppiges Wachstum auf dem Balkon oder für kräftige Zimmerpflanzen sorgen. Dazu hat sich vorbereitete Bokashi-Erde oder das Bokashi-Depot bewährt.

**Ansatz**

1. Blumenerde in einem Eimer mit Bokashi gut vermischen (95 % Blumenerde, 5 % Bokashi), alles mit einer Garten- und Bodenaktivator- oder EM-Lösung (20 ml auf 1 l Wasser) leicht durchfeuchten.

2. Anschließend den Eimer abgedeckt, aber nicht luftdicht verschlossen, 2–3 Wochen stehenlassen.

Bokashi-Erde kann zum Umtopfen von Zimmer- und Kübelpflanzen und für Pflanzungen auf dem Balkon verwendet werden.

*Bokashi-Erde sorgt für üppiges Wachstum*

# Pflanzenstärkungs- und Pflanzenhilfsmittel

# Pflanzenstärkungs- und Pflanzenhilfsmittel

Pflanzenstärkungsmittel unterstützen und helfen Pflanzen in ihrem Wachstum. Sie vernichten also keine Schädlinge oder töten Bakterien und Pilze ab, wie es bei Pflanzenschutzmitteln der Fall ist. Pflanzenhilfsmittel stärken die Abwehrkräfte der Pflanzen, sodass sie sich selbst besser wehren können. Gut bekannt ist etwa die Wirkung von Kieselsäure, die das Blattgewebe härtet und es auf diese Weise weniger anfällig für saugende Insekten macht. Durch Pflanzenhilfssmittel geht der Befallsdruck zwar stark zurück, reduziert sich aber nicht vollständig. Für Fressfeinde bleibt somit noch genügend übrig, die sonst keine Nahrungsgrundlage mehr hätten. Für den gesamten hoch komplexen Öko-Kreislauf wäre es fatal, wenn einzelne Glieder völlig aus der Nahrungskette herausfielen.

Viele Pflanzenhilfsmittel lassen sich recht einfach aus frischen oder getrockneten Pflanzen(teilen) herstellen. Dazu werden sie zu Brühen, Tees, Auszügen oder Jauchen verarbeitet. Pflanzenhilfsmittel lassen sich also auch problemlos auf dem Balkon oder der Terrasse herstellen.

## PFLANZENSTÄRKUNGS- UND PFLANZENHILFSMITTEL SELBST HERSTELLEN

Um einen **Tee** herzustellen, werden frische oder getrocknete, zuvor zerkleinerte Pflanzen mit heißem Wasser aufgebrüht. Der Sud zieht bis zu 15 Minuten, anschließend werden die Pflanzenbestandteile abgeseiht. Das Verfahren unterscheidet sich grundsätzlich nicht von der Zubereitung eines Frühstückstees, jedoch arbeitet man in der Regel mit deutlich größeren Mengen. Der Tee kann zur Anwendung unverdünnt verwendet werden.

Neben der heißen Herstellung als Tee gibt es auch ein kaltes Verfahren, das man als **kalten Auszug** bezeichnet. Die Pflanzen müssen in dem kalten Wasser aber länger ziehen, damit die Wirkstoffe sich lösen. Üblicherweise lässt man 24 Stunden ziehen, bevor man sie abseiht.

Der kalte Auszug wird entweder unverdünnt oder in einer Mischung 1 Teil Auszug und 1 Teil Wasser angewendet.

Eine Kombination aus beiden schon beschriebenen Verfahren führt zu den sogenannten **Pflanzenbrühen.** Dafür werden die Pflanzenteile zunächst 24 Stunden kalt in Wasser eingeweicht und anschließend erhitzt. Nach einem kurzen Aufkochen lässt man alles noch eine Viertelstunde ziehen und seiht dann die Flüssigkeit ab.

Vor der Anwendung muss die Pflanzenbrühe zunächst stark mit Wasser verdünnt werden, üblich ist 1 Teil Brühe auf 10–20 Teile Wasser.

Hinweis: Tees, Brühen und Kaltauszüge sind nur begrenzt haltbar und sollten rasch innerhalb weniger Tage verbraucht werden, da sie sonst leicht umkippen und zu gären beginnen!

Etwas aufwändiger ist die Herstellung von **Pflanzenjauche.** Dazu werden Pflanzenteile in einem größeren Behälter, etwa einer Regentonne oder einem Fass, mit Wasser übergossen und dann ca. 3 Wochen in der Sonne stehengelassen. Bei diesem Verfahren beginnt das Material zu gären, was unter Umständen auch unangenehm riechen kann. Daher verwendet man am besten einen Behälter mit Deckel. Alle ein bis zwei Tage sollte man kräftig umrühren und für eine gleichmäßige Durchmischen sorgen.

Der Behälter sollte keinesfalls aus Metall sein, da dadurch Oxydationsprozesse angestoßen würden, die den Prozess der Verjauchung stören.

Anwenden darf man Jauchen immer nur verdünnt, ansonsten sind sie zu aggressiv. Pflanzenjauchen haben neben der stärkenden auch eine nicht zu unterschätzende Düngewirkung. Jauchen werden für die Verwendung mit bis zu 50 Teilen Wasser und 1 Teil Jauche verdünnt.

Für alle vorgestellten Verfahren gibt es eine Fülle von Rezepten mit unterschiedlichen Zutaten. Sie werden von Hobbygärtnern angewendet, die ihren Garten biologisch bewirtschaften wollen, aber auch von Bio-Landwirten, die ihre Gemüse- und Obstkulturen auf diese Weise gesund erhalten wollen. Beim Ausbringen der Flüssigkeiten sollte man bedecktes Wetter wählen, da es sonst leicht zu Verbrennungen an den Pflanzen kommen kann. Sofern es zur Verfügung steht, eignet sich gerade Regenwasser für die Herstellung gut.

Welche Pflanzen und Pflanzenteile eignen sich zur Herstellung von Jauchen, Auszügen, Brühen und Tees? Und welche Wirkung haben sie auf die Pflanzen, die damit besprüht oder gegossen werden?

Im Folgenden finden Sie bewährte Rezepte, die leicht umzusetzen sind und deren Produkte Sie gezielt zur Unterstützung Ihrer Pflanzen einsetzen können.

*Ackerschachtelhalm*

## ACKERSCHACHTELHALM

Ackerschachtelhalm enthält Kieselsäure und wird vor allem zur Stärkung des Blattgewebes eingesetzt. Die behandelten Pflanzen widerstehen dadurch sowohl Pilzerkrankungen als auch saugenden Schädlingen wie z. B. Blattläusen oder weißen Fliegen besser.

### Rezeptur Brühe

1,5 kg frischen Schachtelhalm mit 10 l Wasser ansetzen. Alternativ kann man auch 200 g getrocknetes Kraut verwenden.

Für die Anwendung 1 Teil Brühe mit 5 Teilen Wasser verdünnen. Für eine anhaltende Wirkung wird die Brühe alle 2-3 Wochen auf Blätter und rund um die Pflanze gespritzt.

### Rezeptur Jauche

1,5 kg frischen Schachtelhalm (alternativ 200 g getrocknetes Kraut) mit 10 l Wasser ansetzen und 2-3 Wochen gären lassen.

Für die Anwendung 1 Teil Jauche mit 5 Teilen Wasser verdünnen.

*Beinwell*

## BEINWELL

Beinwell wird vor allem als Jauche verwendet, in dieser Form eignet er sich vor allem zur Düngung der Starkzehrer unter den Gemüsen, z. B. der verschiedenen Kohlarten. Gleichzeitig kräftigt die Jauche auch die damit behandelten Pflanzen.

### Rezeptur Jauche

1 kg frische Stängel und Blätter mit 10 l Wasser aufsetzen und gären lassen.

Für die Anwendung 1 Teil Jauche mit 10 Teilen Wasser verdünnen und in den Wurzelbereich gießen.

## BIRKE

Birke eignet sich zur Herstellung von Jauche, die vorbeugend gegen Schorf an Obstgehölz eingesetzt werden kann.

### Rezeptur Jauche

1 kg frische Birkenblätter mit 10 l Wasser aufsetzen, 2-3 Wochen an einem sonnigen Platz gären lassen und anschließend abseihen.

Bei bedecktem Wetter in einer Verdünnung von 1 Teil Brühe auf 5 Teile Wasser auf Zweige und die heranreifenden Früchte aufspritzen.

## BRENNNESSEL

Die Brennnessel ist ein wirksamer Stickstofflieferant vor allem für Gemüse. Besonders Starkzehrer profitieren von einer kräftigen Jauch. Gleichzeitig wirkt Brennnessel allgemein kräftigend und kann sogar zur Blattlausabwehr eingesetzt werden.

### Rezeptur Jauche

1 kg frisches Pflanzenmaterial mit 10 l Wasser ansetzen und 2-3 Wochen gären lassen.

Für die Anwendung eine Verdünnung von 1 Teil Jauche auf 10 Teile Wasser direkt in den Wurzelbereich der zu behandelnden Pflanzen gießen.

Für die Abwehr von Blattläusen kann die Jauche auch bereits während des Gärvorganges verwendet werden, dazu 1 Teil Gärung mit 50 Teilen Wasser verdünnen. Mit dieser Verdünnung die gesamte Pflanze ausgiebig besprühen.

### Rezeptur Kalter Auszug

1 kg frische Brennnesseln mit 10 l Wasser aufsetzen und einen Tag an einem schattigen Platz stehenlassen.

Die abgeseihte Flüssigkeit unverdünnt über die die Blätter der zu behandelnden Pflanze spritzen.

*Farnkraut*

## FARNKRAUT

Farnkraut, vor allem vom Wurmfarn, kann als Brühe vorbeugend gegen Blattläuse eingesetzt werden. Auch gegen Schnecken wird ihm eine gute Wirkung zugeschrieben.

### Rezeptur Brühe

1 kg frische Farnkrautwedel mit 10 l Wasser ansetzen und 2–3 Wochen in einem geschlossenen Behälter gären lassen.

Für die Anwendung 1 Teil Jauche mit 10 Teilen Wasser verdünnen und direkt auf die zu behandelnden Pflanzen aufsprühen.

*Holunder*

## HOLUNDER

Holunder kann als sanftes und natürliches Mittel zur Vertreibung von Wühlmäusen und Maulwürfen eingesetzt werden, indem man die Jauche in deren Gänge gießt. Die Tiere werden von dem Geruch der Jauche abgeschreckt und suchen sich ein neues Revier. Dies sollte man für einen guten Erfolg regelmäßig wiederholen. Es ist ein Baustein bei der natürlichen Bekämpfung ohne den Einsatz von Gift, um vor allem Wühlmäuse in Schach zu halten.

### Rezeptur Jauche

1 kg frische Holunderblätter mit 10 l Wasser aufsetzen und 2 Wochen an einem sonnigen Platz gären lassen.

Die entstandene Jauche unverdünnt in die Gänge gießen. Da die Gänge von Wühlmäusen lang und weit verzweigt sind, lohnt sich die Herstellung größerer Mengen.

*Kamille*

## KAMILLE

Kamille wird vor allem als kräftigender Kaltauszug verwendet, um Pflanzen vor Wurzelfäulnis zu schützen. Sowohl Gemüse als auch Zierpflanzen profitieren davon.

### Rezeptur Kalter Auszug

1–2 Handvoll frische, kleingehackte Kamille mit 1 l abgestandenem Wasser aufsetzen und einen Tag ziehen lassen.

Für die Anwendung 1 Teil Auszug mit 5 Teilen Wasser verdünnen und die zu behandelnden Pflanzen damit gießen.

## KAPUZINERKRESSE

Kapuzinerkresse ist als Blattlausfänger bekannt und wird daher oft unter Obstgehölz und zwischen Gemüse angepflanzt. Auf diese Weise werden die anderen Pflanzen von den saugenden Insekten verschont. Aber auch Tee aus Kapuzinerkresse lässt sich zur Blattlausabwehr verwenden.

### Rezeptur Tee

Eine Handvoll frische und zerkleinerte Blätter mit 1 l heißem Wasser aufbrühen und 15 Minuten ziehen lassen.

Den Tee unverdünnt auf die zu behandelnden Pflanzen sprühen.

## KNOBLAUCH

Knoblauch wirkt vor allem durch seine enthaltenen ätherischen Öle gegen Pilzerkrankungen wie Mehltau oder Grauschimmel. Er lässt sich gut als Jauche oder Tee einsetzen.

### Rezeptur Jauche

500 g zerhackte Zehen in 10 l Wasser ansetzen und 2–3 Wochen an einem sonnigen Platz gären lassen.

Für die Anwendung 1 Teil Jauche mit 10 Teilen Wasser verdünnen und die zu behandelnden Pflanzen gießen.

### Rezeptur Tee

70 g zerhackte Zehen mit 1 l heißem Wasser aufbrühen und mehrere Stunden ziehen lassen.

Den Tee unverdünnt über gefährdete Pflanzen sprühen.

*Löwenzahn*

## LÖWENZAHN

Löwenzahn wird vor allem zur Stärkung von Obstgehölz, Erdbeeren und Tomaten eingesetzt. Außerdem fördert er die Fruchtbildung. Im Herbst kommt die Jauche auch für das Gießen von Baumscheiben zum Einsatz.

### Rezeptur Jauche

2 kg frische Blüten und Blätter mit 10 l Wasser ansetzen und 2–3 Wochen gären lassen.

Die Jauche unverdünnt über und zwischen die Pflanzen gießen.

### Rezeptur Tee

500 g frische Blätter mit 10 l heißem Wasser aufbrühen und eine Viertelstunde ziehen lassen.

Den Tee unverdünnt zum Gießen verwendet.

## RAINFARN

Rainfarn, ein Verwandter der Margerite, ist eine vielfältig zur Pflanzenstärkung verwendete Staude. Außerdem wird Rainfarn vorbeugend gegen Blattlaus- und Milbenbefall eingesetzt.

### Rezeptur Tee

200 g frische, zerkleinerte Stängel, Blüten und Blätter mit 1 l heißem Wasser aufbrühen und nach einer Viertelstunde abseihen. Alternativ kann man auch 30 g getrocknetes Material verwenden.

Für die Anwendung 1 Teil Tee mit 1 Teil Wasser verdünnen.

### Rezeptur Brühe

500 g ganzen oder 300 g zerkleinerten Rainfarn mit 10 l Wasser ansetzen und 24 Stunden ziehen lassen. Anschließend aufkochen und 15 Minuten ziehen lassen.

Nach dem Abseihen unverdünnt und mit Druck auf die gesamten Pflanzen spritzen.

### Rezeptur Jauche

500 g unzerkleinertes Pflanzenmaterial mit 10 l Wasser ansetzen und 2–3 Wochen an einem möglichst sonnigen Standort gären lassen.

Anschließend unverdünnt versprühen. Die Jauche wird vor allem gegen Milbenbefall eingesetzt.

*Reinfarn*

*Salbei*

## SALBEI

Salbei kommt vor allem als Brühe zum Schutz von Kohlpflanzen vor Kohlweißlingen und Kohlfliegen zum Einsatz. Eine umfassende Wirkung erhält man im Zusammenspiel mit dichten Netzen, die zusätzlich über die Pflanzen gelegt oder gespannt werden.

### Rezeptur Brühe

500 g Salbeiblätter mit 5 l Wasser ansetzen und 24 Stunden ziehen lassen. Dann einmal aufkochen, noch einmal 15 Minuten ziehen lassen und anschließend abseihen.

Die Brühe unverdünnt zur Abschreckung von Kohlschädlingen verwenden.

Zur Stärkung von Gemüsepflanzen gegen bakterielle Erreger und Pilze wie gegen Mehltau, Rost und Krautfäule 1 Teil Brühe mit 1 Teil Wasser verdünnen und auf die Pflanzen sprühen.

## TOMATENLAUB

Tomatenlaub wird auch zur Herstellung von Stärkungsmitteln verwendet. Ein kalter Auszug, auf Kohlpflanzen gesprüht oder gegossen, hilft bei der Abschreckung gegen Kohlweißlinge.

### Rezeptur Kalter Auszug

50 g abgeschnittene Blätter und Triebe (die ja beim Ausgeizen oft anfallen) mit 1 l Wasser ansetzen und 3–4 Stunden ziehen lassen.

Nach dem Abseihen den Auszug unverdünnt als Spritzmittel verwenden.

## RINGELBLUME

Ringelblumen sind nicht nur wertvoll für die Herstellung von Tinkturen, Salben und Cremes, die allesamt der menschlichen Haut guttun, sondern lassen sich auch für die Herstellung von Pflanzenjauchen verwenden. Diese wirkt sich positiv auf die Widerstandsfähigkeit der behandelten Pflanzen aus und wird nicht nur für Obst und Gemüse eingesetzt, sondern auch bei den verschiedensten Zierpflanzen.

### Rezeptur Jauche

1 kg frische Pflanzenteile mit 10 l Wasser ansetzen und 2–3 Wochen gären lassen.

Für die Verwendung 1 Teil Jauche mit 10 Teilen Wasser verdünnen und anschließend großzügig auf die zu behandelnden Pflanzen aufgesprüht.

## SCHAFGARBE

Schafgarbe eignet sich für die Herstellung von Kalten Auszügen und wird vorbeugend gegen die verschiedensten Pilzerkrankungen eingesetzt.

### Rezeptur Kalter Auszug

Eine Handvoll Blüten und Laub mit 1 l kaltem Wasser ansetzen und 1 Tag stehen lassen.

Für die Anwendung 1 Teil Auszug mit 10 Teilen Wasser verdünnen und mit Druck auf die zu behandelnden Pflanzen verspritzen.

*Schafgarbe*

## NOCH EIN TIPP

Auch **Kaffeesatz** ist ein Düngemittel, das täglich in großer Menge anfällt und zugleich reich an Nährstoffen ist wie z. B. Kalium, Stickstoff und Phosphor.

Außerdem lässt sich durch Kaffeesatz der pH-Wert des Bodens leicht ansäuern, was einigen Pflanzen wie Rhododendren und Hortensien sehr zugutekommt. Kalkhaltiges Gießwasser kann Kaffeesatz zudem auf einfache Weise neutralisieren. Außerdem hält er Schädlinge wie Ameisen von den Pflanzen fern. Regenwürmer lieben Kaffeesatz. Sie werden davon stark angezogen und lockern durch ihre Anwesenheit den Boden in den Beeten auf, sodass sich die Wurzeln der Pflanzen besser entwickeln können.

# Über die Autorin

Katharina Adams ist seit vielen Jahren als Fachjournalistin tätig und schreibt für Fach- und Publikumsmedien über Garten-, Pflanzen- und Naturschutzthemen. Als Mitglied in Naturschutzorganisationen und Pflanzengesellschaften engagiert sie sich für ökologisches und ressourcenschonendes Gärtnern, welches sie natürlich auch im eigenen Garten, der Experimentierfeld und Inspirationsquelle ist, praktiziert.

# IMPRESSUM

Fotos: Flora-Press (S. 33 (links und rechts), 36, 45, 71); Katharina Adams (S. 58-66, 94); Living4media (S. 27); Neudorff (S. 38); Pixabay (S. 13, 14 (rechts), 15-17, 20-23, 30-31, 35, 41, 44, 50, 77, 82-93); Pixelio (S. 12); Shutterstock (S. 4, 7-9, 11, 14 (links), 18-19, 24-26, 28-29, 42-43; 47-49, 51-55, 67-69, 73-75, 78-79)

Produktmanagement & Lektorat:
Stephanie van der Linden
Korrektorat: Brigitte Schnock
Layout: Marcus Taeschner
Umschlaggestaltung: Ina Zimmermann
Repro: LUDWIG:media
Herstellung: Julia Hegele
Printed in Türkiye by Elma Basim

Unser komplettes Programm finden Sie unter

www.christophorus-verlag.de



Die Deutsche Nationalbibliothek verzeichnet diese Publikation in der Deutschen Nationalbibliografie; detaillierte bibliografische Daten sind im Internet über www.dnb.de abrufbar.



ISBN 978-3-8388-3865-6

FSC www.fsc.org MIX Aus vorbildlich bewirtschafteten Wäldern FSC® C164814

## Kreativ-Service

Sie haben Fragen zu unseren Büchern und Materialien? Wir beraten Sie gern rund um alle Kreativthemen. Rufen Sie uns einfach an. Wir interessieren uns auch für Ihre eigenen Ideen und Anregungen. Sie erreichen uns per E-Mail kreativ-service@c-verlag.de oder unter der Telefonnummer 0049-89-1306 99 577.

Besuchen Sie uns im Internet: www.christophorus-verlag.de & www.selbstgemacht.de

# Ebenfalls erhältlich ...

ISBN 978-3-8388-3822-9

ISBN 978-3-8388-3828-1

ISBN 978-3-8388-3810-6

ISBN 978-3-8388-3845-8

CV

www.christophorus-verlag.de